书边杂写
——20世纪中国文学管窥

刘涛 著

河南大学出版社
·郑州·

图书在版编目（CIP）数据

书边杂写：20世纪中国文学管窥 / 刘涛著. -- 郑州：河南大学出版社，2021.9
ISBN 978-7-5649-4864-1

Ⅰ. ①书… Ⅱ. ①刘… Ⅲ. ①中国文学－当代文学－文学研究－文集 Ⅳ. ① I206.7-53

中国版本图书馆CIP数据核字（2021）第191898号

责任编辑	纪庆芳
责任校对	时　娇
封面设计	马　龙
出版发行	河南大学出版社
	地　址：郑州市郑东新区商务外环中华大厦2401号
	邮　编：450046
	电　话：0371-86059701（营销部）
	网　址：hupress.henu.edu.cn
排　版	河南大学出版社设计排版部
印　刷	河南文华印务有限公司
版　次	2021年9月第1版
印　次	2021年9月第1次印刷
开　本	710 mm×1000 mm　1/16
印　张	14
字　数	208千
定　价	58.00元

版权所有·侵权必究
本书如有印装质量问题，请与河南大学出版社营销部联系调换。

自　序

收入本书中的文章，大致可分三类，一类属当代小说批评，一类是书评，一类是序言。还有少量学术研究文章。

2012年，在社长张晓林先生主持下，《东京文学》锐意革新，邀请专家策划、打造了一些特色栏目，其中，"名人坊"栏目颇有创意，每期推出一篇河南或国内重要小说家的代表作，请学者对之进行评析。当时该栏目主持人、著名作家刘恪邀请我为该栏目固定作者，为栏目选中的作品写评论文章。能受到邀请，当然很荣幸，但也有压力。因之前所写多为高头讲章式的学术文章，很少涉足当代小说批评。栏目文章每期一篇，一月交稿一次，每每当月文章写成，就要谋划下一期写作。对于才如芥豆之微、含笔腐毫的我来说，实感力不从心。不过，既已应承，也只好硬着头皮坚持。就这样，每月一篇，连续十月，写出十篇小文。这些文章本在仓促之中写就，其粗糙自不待言，但却在《东京文学》组织的第一届"蔡文姬奖"的评选中，得到学术类奖项，这使我颇感意外。所谓"没有功劳也有苦劳"，评委们可能被我这种写作的坚持感动了。不过，写完这十篇之后，终于没有继续下去。后来有一段时间，对批评类文章的写作兴趣大减，只偶尔写了一两篇，如《探索当代诗歌的第三条道路——论高治军新古体诗的形式艺术》《"戏"说——张新科小说"戏"元素试析》，当与这种持续写作所产生的疲劳和厌倦有关。

集中第二类文章是书评。在各种研究文体中，书评评价较低，这是因为，不少书评流于拍马歌颂，丧失了客观性。收在本集中的书评，虽大多亦属颂扬之作，多肯定，少批评，但自认这种颂扬和肯定还是比较客观的，或颂扬，或肯定中有所指摘，皆发自真心，非违心之言。书评涉及对象，史料整理类，如《1872—1949文学期刊信息总汇》《穆时英全集》《师陀全集》《徐玉诺诗文辑存》；研究类，如《中国现代文学史》（上）、《中国现代文学研究史》、《中国象征主义百年史》、《中国现代作家传记研究》，皆以沉稳持重的学风，展示了现代文学研究的实绩。这些书的作者，有的是我的前辈和老师，这些书评算是对他们劳作的致敬；有的则属同辈学人，这些书评可算作对他们工作的感谢和呼应。学术研究本属寂寞的事业，走在这寂寞的途中，我们每人皆有义务，为身边的前辈、同辈和晚辈，呐喊几声，敲敲边鼓，好免除彼此的寂寞，一起前行。

集中第三类文章为前言与序。前言，是为自己编的书写的；序，则是为学界朋友所作。同学曹辛华主编大型史料整理丛书"民国诗词学文献珍本整理与研究"，邀请我参与编辑其中的"民国新诗话新诗论"部分。书编成，共两辑，于2015年4月由河南文艺出版社出版。该书重史料性，收录的一些文章，如冯至的两篇诗论，属新发现佚文。该书前言交代了书的大致内容与编选情况。《背影——朱自清散文》为中华书局2016年出版的"国民阅读经典丛书"之一。在该书前言中，我提出"诗性"与"叙事性"一对概念，尝试着解读朱自清前后期散文艺术风格的变化。这一对概念，虽属一家之言，但却来自自身的阅读体验，没有人云亦云。

序仅收了一篇，为赵青山《雅园诗派研究》所作。序的最后一段，可看出文章写作初衷："我与赵青山先生素未谋面，仅知道他在山西平遥一所小学任校长，因私心爱好，痴迷于现代格律诗学的研究与创作，笔耕不辍，佳作迭出。青山先生不在高校科研机构工作，他的业余科研工作，既不能给他带来职务和薪资的提升，又不能给他带来项目和资金，但他念兹在兹，不为所动，支撑他的，完全是对诗歌女神的痴爱，对格律诗学的钟情。他的这种只问耕耘、不问收获、献身学术的精神，深深打动了我。我与青山先生因共同的研究对象和学术兴趣而相知，拙著《百年汉诗形式的理论探求——20世纪现代格律诗学》出版后，得到过他的肯定，令我感愧。现在，他的大著《雅园诗派研究》即将付梓，作为同行，随喜谈一点阅读感言，以表对无私奉献于学术研究的青山先生的无限敬意。"

集中其他几篇文章，《时代女性与茅盾小说的身体叙事》《中原三作家结缘黄河》《泰山书写的三种方式——现代作家与泰山》三篇，为《博览群书》约稿而作。《博览群书》邀请吴福辉老师主持一名家专栏，专栏每期主题皆有创意，如"女性与文学""河流与文学""山与文学"等。吴老师对专栏的主持亦见匠心，就是每期专栏主题确定后，由大家（大多是他的弟子们）围绕该主题自愿认领写作任务。这样处理，专栏每期文章，既有主题的统一性，又有基于个人研究背景而产生的独特性。三篇文章中，《中原三作家结缘黄河》与我之前的研究课题"20世纪中国文学的黄河言说"有关，有一点史料准备，写起来较为顺手。《时代女性与茅盾小说的身体叙事》基于自我的阅读体验。《泰山书写的三种方式——现代作家与泰山》从作家大量的泰山书写中，总结出三种书写方式，目的是从千变万化的风景书写中，找出点带规律性的东西。一次听张福贵先生讲座，他的"封闭题目不能用封闭做法"一说给了我很大启发。《泰山书写的三种方式》一文，可算作"封闭题目用非封闭写法"的一种尝试。当然，不敢自诩这种尝试完全成功。

硕士研究生阶段，解志熙老师给我们上课，授课中提及中国现当代小说中"系列小说"这种创作体式，受他启发，最终选了这个题目写硕士学位论文。这是笔者第一篇学术论文，可算是学术路上蹒跚学步留下的第一个脚印。由于生性愚鲁，虽性格沉潜老实，硕士研究生阶段认真读了点书，但真正选定一个题目、写起论文来，还是感觉有点力不从心、笔不称意。现在想起来，当年写论文时一字一字苦呕硬抠的情状还在眼前。不过，艰难的写作还是有一点点收获。通过论文写作，从选题、查资料到谋篇布局，一路走下来，对论文写作的过程和路数有了大概了解，为之后的学术研究积累了经验。

附录收入《答〈中国社会科学报〉记者张清俐问》和张清俐《在文学史料研究中成长的中国现代文学学科与人才队伍》一文，以感谢张清俐先生对于现代文学史料研究的持续关注与报道。

由以上匆匆盘点可看出，集中大部分文章，多由师友催逼而作。自忖天性懒散，外加自卑心根深蒂固，多悬想而少实行，勤于浏览而怠于写作。若无师友督促，这些文字是不可能产生的。岁月逝如飞尘，生命难留实在。即如冯至《十四行集》第二十一首所示："我们紧紧抱住，／好像自身也都不能自主。／狂风把一切都吹入高空／／暴雨把一切又淋入泥土，／只剩下这点微弱的灯红／在证实我们生命的暂住。"诚哉斯言！一切生命皆为"暂住"。但"暂住"仍然是"住"。为了证明我们曾住过，还是需要留下一点东西的。作为书生，留下的也无非是文字而已。所以，收拢、留存这些文字，也无非是为生命的暂住留下物证而已。从这意义上说，师友之相得，不仅在游处言谈之乐，更在切磋损益之美。生命与生命发生碰撞与激荡，所谓因缘和合，一切文字缘，皆为生命缘。因而，本集中文字，既是师友间因缘和合的产物，亦是对师友结缘的纪念。

目 录

论中国现当代系列小说的结构.....1

时代女性与茅盾小说的身体叙事.....22

中原三作家结缘黄河.....30

泰山书写的三种方式
　　——现代作家与泰山.....38

瑞恰慈与中国现代诗歌理论批评.....46

"戏"说——张新科小说"戏"元素试析.....53

鲁迅传统的出色传承——乔典运《问天》细读.....65

墨白小说的深度——短篇小说《纪念》细读.....70

一个意味无穷丰富的文本——《阳光下的海滩》细读.....75

一篇乡村女人的史诗——读李佩甫《虫嫂》.....81

老张斌《绝唱（或曰梦境）》的诗化色彩.....86

时代的政治叙事诗——南丁小说《旗》阅读札记.....91

为匠人塑像——读田中禾《木匠之死》.....97

历史小说的一种写法——《黄鹭鸟仍在啼叫》阅读札记.....102

进入文本的多重路径——野莽《少年与鼠》细读.....106

反讽与隐喻——读《神仙料理》.....110

当下世界的深度反思——何立伟《到西藏找狗》阅读札记..........113
全景式再现北宋社会历史的大型史诗
　　——论长篇系列历史小说《清明上河》..........118
探索当代诗歌的第三条道路——论高治军新古体诗的形式艺术..........129

评张大明的《中国象征主义百年史》..........135
近现代文学期刊研究的重大收获
　　——评刘增人等编著《1872—1949文学期刊信息总汇》..........142
师陀研究的新开拓——评刘增杰编校的《师陀全集》..........148
海派文学研究的重要创获——简评《穆时英全集》的编撰特色..........151
现代文学文献辑录与编校的一个范例
　　——评秦方奇编校《徐玉诺诗文辑存》..........155
任访秋著《中国现代文学史》的学术特色..........161
为中国现代文学学科建史
　　——评黄修己、刘卫国主编《中国现代文学研究史》..........168
传记写作的主体性探究——评《中国现代作家传记研究》..........174
《民国新诗话新诗论》前言..........179
《背影——朱自清散文》前言..........182

为雅园诗派写史——赵青山《雅园诗派研究》序..................186

附录

史料研究的历史感、主体意识、问题意识及其他——简答吴宝林君..................195

答《中国社会科学报》记者张清俐问..................209

在文学史料研究中成长的中国现代文学学科与人才队伍／张清俐..................213

论中国现当代系列小说的结构

小说,是最不安分的文学体裁,它一直处于不断推陈出新的尝试之中。小说家们不断摸索、创造着适合自己的表现形式。当弗郎索瓦·莫里亚克宣称"长篇小说作为一种体裁已走进了死胡同"[①]时,舍伍德·安德森也断言"长篇小说的形式不宜于一个美国作家"[②],并在他的成名作《小城畸人》中创造了自己的独特形式。相隔不久,师陀于1938年开始创作《果园城记》。若换一个角度,不把《果园城记》仅仅看作是一部短篇小说集,就会在里面发现与一般短篇小说集全然不同的东西。它不是师陀八年文章的简单汇编,而是作家苦心经营、精心构造的产儿。其小说之间紧密关联、形成一个富有张力的整体。在形式上,它与《小城畸人》存在着极为密切的血缘关系。在新时期文学中,这种类型的短篇小说集更以其大量涌现而成为引人注目的创作现象。人们称此种小说为"系列小说"。

与现代文学上《果园城记》仅被称作"短篇小说集"不同,"系列小说"这个名称的出现,说明文学界已自觉体认到这种新的小说体式的存在。然而,对系列小说自身审美特性的认识似乎只是停留在非常感性化的阶段。系列小说的指称对象有时被无限地扩大。"所谓系列小说,指的是由若干部描写相近历史背景下相近题材的小说组成的,反映某一方面社会生活的作品系统。"[③]每个作家都有自己独特的题材领域和关注的主要命题,

---

[①] 弗郎索瓦·莫里亚克:《小说家及其笔下的人物》,刘崇慧译,见王忠琪等译《法国作家论文学》,生活·读书·新知三联书店出版社,1984,第202页。

[②] 转引自吴岩:《〈小城畸人〉译者后记》,见舍伍德·安德森《小城畸人》,吴岩译,上海译文出版社,1983,第203页。

[③] 黄修已:《中国现代文学发展史》,中国青年出版社,1988,第349页。

就此意义说，系列小说之名冠于许多作品都是合适的。本文论述的"系列小说"①，作为小说体裁，具有独立的审美品格，已非"系列"本身的宽泛所指所能涵盖。作为一种小说品类，它有严格的内涵和外延限制。福里斯特·C. 英格拉姆（Forrest. C. Zngram）称这样的系列小说为"一本短篇小说集，作品由作者将其相互连接，读者从整体模式的不同层次获得的连续的经验有效地修正了他从作品的各个组成部分获得的经验"②。从整体与部分的关系着眼，定义者相当敏锐地抓住了系列小说某一方面的特性。系列小说首先是由单个完整的小说群落组成的。然而作为整体的系列小说的意义来自于单个小说但又不是它们简单的相加之和。叙事单元（为叙述方便起见，本文把系列小说中的单篇小说称为"叙事单元"）各自独立，无因果逻辑联系，但又互相补充和照应。它们由共同的地域、人物、母题或主题、叙述视角统一起来，从而构筑起系列小说的整体框架。系列小说的整体意蕴就来自于叙事单元之间的内在统一性。叙事单元表现相同地域的可称为"地域系列小说"，叙事单元表现相同人物的可称为"人物系列小说"。但有些系列小说，如《一百个人的十年》是人物的汇聚，因没有共同的地域限制，也可称为"人物系列小说"。以地域和人物来分类，只是一种分类方法，当然也存在其他划分方法和其他种类的系列小说，篇幅所限就不再细说。

现当代文学开始出现的系列小说，与中国古代的连缀式小说似乎存在着某些相似性。现代文学的开创者鲁迅、胡适都曾注意到这种小说形态。鲁迅论《儒林外史》："惟全书无主干，仅驱使各种人物，行列而来，事与其来俱起，亦与其去俱讫，虽云长篇，颇同短制；但如集诸碎锦，合为

---

① 系列小说的"系列"，英文相对应的词为"serial"，即"连续的，一连串的，按时间顺序排列的"。中文的"系列"，其含义同样暗示系列单元之间的线性承续关系。然而，系列小说的叙事单元只有阅读顺序之先后，而无逻辑意义上前后因果之关联。它们组成"a circle"（圆环），互相之间为并列与对等的关系。"系列小说"英文对应词应为"cycle"，即"具有同一主题或同一人物的一组小说"。因此，本文所论述的"系列小说"，其恰切的名称为"小说组"或"成套故事"，与"组诗"在结构上有相似之处。但鉴于"系列小说"的名称已约定俗成，本文仍沿用此名。

② 伊恩·里德：《短篇小说》，肖遥、陈依译，昆仑出版社，1993，第72页。

贴子。"① 胡适论《儒林外史》和清末四大谴责小说："其体裁皆为不连属的种种实事勉强牵合而成。合之可至无穷之长，分之可成无数短篇写生小说。"② 连缀式小说虽为长篇，其实为短篇的连缀，可称之为"小说系列"。然而，它毕竟还是长篇小说。在这一点上，它与外国的《十日谈》《一千零一夜》等框架故事有更相似之处，都是一个大的框架内套好多小故事。系列小说的结构则更为松散，"框架"被彻底拆除。然而，就是如此松散的结构比起连缀式小说来，也自有其紧凑处。系列小说已不是简单的"集诸碎锦，合为贴子"，它有其独特的结构方式所构筑的深层结构以及由此产生的独特功能效应。鉴于系列小说作为一种小说品类，其独特的审美风貌和特征主要体现在结构方面，本文试图从结构的角度切入，以期对系列小说的自身品性有所探讨和发现。

结构形态

系列小说是作为长篇小说叛逆者的形象出现的，只有明白这一点，对系列小说所呈现的结构形态才会有更深层的了解。舍伍德·安德森认为长篇小说的形式是一种外来的形式，不适于像他这样的美国作家。因为长篇小说的结构被发展得过于精巧和紧凑，对表现生活已起到很大的束缚作用。"我们需要的是一种新的散漫的体裁。我在《小城畸人》里便创造了我自己的形式。"③ 从舍伍德·安德森那里可以看到，系列小说的创作从一开始便隐伏着一种"反结构"的倾向。这种"反结构"的倾向也为后来的系列小说家所共有。林斤澜认为"生活的迅速发展，事物的复杂变化，心态的冲决动荡，要求'体裁'的灵活了"④。也正是出于这样的见解，他才对胡适《儒林外史》的批评"以体裁论之，实不为全德"⑤ 不以为然。"因为没有考

---

① 鲁迅：《中国小说史略》，见《鲁迅全集》第9卷，人民文学出版社，2005，第229页。
② 胡适：《再寄陈独秀答钱玄同》，见《胡适全集》第1卷，安徽教育出版社，2003，第36页。
③ 转引自吴岩：《〈小城畸人〉译者后记》，见舍伍德·安德森：《小城畸人》，吴岩译，上海译文出版社，1983，第203页。
④ 林斤澜：《〈矮凳桥风情〉后语》，见《矮凳桥风情》，浙江文艺出版社，1987，第339页。
⑤ 胡适：《再寄陈独秀答钱玄同》，见《胡适全集》第1卷，安徽教育出版社，2003，第36页。

虑到为什么兴起一连串'此类体裁'？新兴的'体裁'，何来'全德'？如求'全德'，又何必新兴？"①林斤澜的诘问不是没有道理。他反胡适之道而行之，故意不去追求"全德"，创作了《矮凳桥风情》这样结构更为散漫的小说体裁。胡适见之，不知作何感想？王蒙谈《在伊犁》的写作："着意追求的是一种非小说的纪实感，我有意避免的是那种职业的文学技巧。"②这里所说的"职业的文学技巧"，应当包括对精巧结构的刻意经营。

系列小说家这种"反结构"的倾向对系列小说的结构形态产生了很大影响。这从系列小说外部组织形态便可看出。系列小说叙事单元互相独立，自成整体。正是在这一点上，系列小说与长篇小说在外观上最明显地区分开来。现代作家废名的《桥》分上、下两篇，合起来四十三章，每章皆有小题。章与章之间按故事的时间顺序排列，其时序关系不可更改。这说明它还保留着长篇小说的某些痕迹。然而，《桥》已不是传统的长篇小说，"《桥》里充满的是诗境，是画境，是禅趣。每境自成一趣，可以离开前后所写境界而独立。它容易使人感觉到'章与章之间无显然的联络贯串'。全书是一种风景画簿，翻开一页又是一页"。③《桥》的章与章之间已无多大联系，互相独立，在外部组织形态上已明显具有系列小说的特性。

然而还不仅如此。更重要的是，"反结构"的倾向带来了叙事单元内部结构的深刻变化，即内部结构的散化。《果园城记》的叙事单元中，散文与小说已融为一体。诸如《阿嚏》《塔》《说书人》《灯》《邮差先生》等，若它们的背景不是设置在虚拟的果园城，则都可看作是优美动人的抒情散文。其余诸篇，如《葛天民》《城主》《贺文龙的文稿》，与一般记人叙事的散文也无多大区别。第一人称"我"（马叔敖）的叙述视角给整部小说定下了典型的散文基调，每篇只是"我"重回故里的所见、所闻而已。其实，果园城那琐屑而辛酸的人事也只能用这平淡无奇的散文化结构来叙述。师陀关心的不是精巧的结构所产生的离奇叙述效果，他的目标是塑造一个小城，

---

① 林斤澜：《〈矮凳桥风情〉后语》，见《矮凳桥风情》，浙江文艺出版社，1987，第339页。
② 王蒙：《〈在伊犁〉后记》，见《王蒙文集》，人民文学出版社，2014，第282页。
③ 孟实（朱光潜）：《桥》，《文学杂志》1937年第1卷第3期，见朱光潜：《朱光潜全集》第8卷，安徽教育出版社，1992年，第553页。

而且"把这小城写成中国一切小城的代表"①,他表现的是这小城的种种现象,而不去精心构造一个个悲欢离合的故事。

当代的几部地域系列小说,结构的散化更被发展到极致。贾平凹的《商州三录》采用实录的形式,人们称之为"长篇记述文"②。其中的《商州又录》"地也无名,人也无姓,只具备了时间和空间"③,一篇篇就像一幅幅关于商州的速写与素描,只是比散文多了一点小说的情节,而且这情节也简得不能再简。《商州初录》与《商州再录》既写商州的地理风貌、山川形胜,又写风俗世事、人事变迁。一篇之中,两相交织,自然与人事被作者随意糅合在一起,结构上确实显得不那么对称与工整。

艾煊的《醒时的梦》1984年被《钟山》作为小说发表时,作者自己说:"有的同志读后问我,这到底算是小说,还算是散文。我也糊涂了,确有几分像小说,又有几分像散文,非驴非马,难以界定。"④艾煊的创作是分别沿着散文和小说两条线运行的,在运行的交叉点上出现了《醒时的梦》系列小说的创作。它的结构、情节、人物都是散文式的。系列单元都有一个中心事件或一个中心人物,但没有完整的情节和性格,对事物的描绘是突出几个场面,采取的完全是散文化的结构。

王蒙小说中,《在伊犁》以其散文化的叙述方式占有突出地位。王蒙一反他以前的创作风格,着意避免那种职业的文学技巧,故意不用过去一个时期他在写作中最为得意乃至不无炫耀地使用过的那些艺术手段。《在伊犁》的最大特色是朴素无华、自然真切,这得益于作品结构的散化。与《果园城记》相似,这部作品采用第一人称的叙述视角,而且"我"直接采用了作者自己的名字(虽然它被发音为"王民"),不仅是叙述者,也是故事的主要当事人,这些使小说带上了浓厚的散文色彩。作品的叙述方式也

---

① 师陀:《〈果园城记〉序》,见刘增杰编校《师陀全集》第2卷,河南大学出版社,2004,第453页。
② 《贾平凹文集编选说明》,见雷达主编《贾平凹文集·寻根卷》,中国文联出版公司,1995,第1页。
③ 贾平凹:《〈商州又录〉小序》,见雷达主编《贾平凹文集·寻根卷》,中国文联出版公司,1995,第115页。
④ 艾煊:《洞穴岩画》,见徐采石编《艾煊作品研究》,中国文联出版公司,1987,第268页。

是随笔式的，平铺直叙，率性而叙，不讲铺陈与波澜，"是纪实性的，结构上并不追求精巧完整，语言上也不追求华丽雕饰，而是力图通过结构上的不平衡和语言上的平淡朴素来追求一种逼真性"①。

李杭育"讨厌程式，不在乎规矩法则，在他的小说制作中清楚不过地体现出来。他故意不讲究章法，不讲究比例，故意弄得不对称，把某一部分搞得很臃肿，又把另一部分略去不说。他反其道而行之，不讲匀称，不讲和谐，不讲呼应"②。"葛川江"系列小说的结构最明显地体现了"不讲究章法、不讲究比例"的结构特点。李杭育曾把自己的作品比作秋后的老树，他的"葛川江"系列小说确有老树虬蟠错节之态，而那风俗场面便是树上凸出的疤结。他惜墨如金，甚至不惜把高潮处理得平平淡淡，如福奎看着阿七从自己身边离去，画师则委曲求全地忍让了与儿子的分歧。情节淡化了，历来为作家重视的人与人之间的纠葛，不再作为"戏眼"而被泼墨渲染。同时，小说里的具体生动的细节也不再作为高潮的铺垫而呈因果的发展状态。李杭育的小说结构颇似老人的心绪：避冲突，忌起伏，喜平淡。这种小说结构正体现了李杭育的美学追求："当代小说在其美学特性上有一种淡化情节而加强氛围的趋势。"③在"葛川江"系列小说中，氛围的追求不但是一种艺术表现手段，更重要的是，它已成为艺术表现的目标。"对我来说，就是要把一条江、一种文化在作品中氛围化，既是作为背景，又是情致活动，总之，是要制造我的'葛川江'氛围，并且靠它来获取作品的审美效应。"④这种对"葛川江"氛围的刻意营造从深层上影响了小说的内在结构。在作者"人心与风俗"互为表里的总体美学表现中，小说散乱、不平衡的结构，随意性极强的生动细节都浸透着一种诗化了的目标感。

结构的散化在地域系列小说中表现得比较明显，而在人物系列小说中则表现得较为复杂。在具有同一主人公的系列小说中，《桥》结构的散化最为明显。它的每一章节皆可看作是优美的散文诗，情节结构似已无迹可寻，

---

① 陈孝英：《再访王蒙》，《长安》1984年第7期。
② 吴亮：《孤独与合群：李行育印象》，《当代作家评论》1985年第6期。
③ 李杭育：《我的葛川江》，《文汇报》1984年10月4日。
④ 同上。

而代之以对自然景物的随意感兴,场面与场面大幅度地跨越。这种结构的散化甚至渗透到句子的组织之间,句与句、词与词跨度之大似唐朝的五言绝句。结构散化的倾向在其他一些具有同一主人公的系列小说中则表现得不那么明显。其外部组织的松散并没有影响到叙事单元内部的结构形态。单元内部的故事情节严格按照主人公的性格逻辑逐步展开,传统的情节叙事因素在此占了绝对优势。不但如此,叙事单元之间也按照严密的因果逻辑线条展开。张贤亮的"唯物论者启示录"系列是严格按照章永璘从一个小资产阶级的知识分子到一个唯物论者的内在成长逻辑依次展开的。《陈奂生上城出国记》按照陈奂生从一个"漏斗户主"上城,到转业、包产,成为种田大户直至最后出国这样的情节链依次展开。上述两个系列小说的叙事单元皆遵循主人公的行为性格逻辑行进、排列。这种人物系列小说从形态上更接近于长篇小说的分割叙述。若将叙事单元连接起来,它们更多地表现出长篇小说情节连贯性和完整性的结构特征。这种结构形态源于作者采用的结构方式,下面将作以论述。

相对于长篇小说的封闭式结构而出现的反结构倾向,确实使系列小说呈现出不同的独有风貌,使系列小说的结构获得了很大自由度,呈现一种非常开放的形态。与长篇小说讲究、人工的结构形态相比较,系列小说这种"无结构的结构"显得有自然之致,它对生活的容纳更为自由与方便。开放的结构形态带来的是艺术的生活化,逼真地反映生活,表达作家的主观情感。生活在本质上是散文式的,它是散漫多元的存在,而不是前因后果、丝丝入扣的逐步发展。开放的结构形态进一步解放了小说艺术,使作家更洒脱自如地表现生活,同时也使作家避其所短,就其所长,充分发挥创作优势。

然而,"无结构的结构"不过是一种故意的夸张罢了。系列小说家"反结构",反的也只是长篇小说那种封闭、僵化的结构模式。系列小说在反结构的同时,追求一种新的更灵活更自由的结构形式。虽然消灭了外在形式痕迹也还有"形式"在,消融了外在结构框架的束缚也还有"结构",只不过这形式、结构藏得比较深,比较隐蔽罢了。系列小说因其外在结构的隐蔽性,更加要求内在形式感、内在审美尺度的高度控制。没有外部的尺寸规格,即愈加强调叙事单元之间"神"的统摄、"意"的贯通、"味"的渗透，愈加注重融入创作意识之中的形式意识、高度"自由"境界中的内在制约。艺术也同样遵循着一种刻板的平衡法则。系列小说外部形态错落有致的"自然"之致，是高度审美化了的境界，对生活原生态的逼近带来了形式的创新与活力，并不意味着艺术的粗鄙化。

人物系列小说中，鹤西对《桥》的论述与朱光潜的评论角度不同。"这书给我的印象像一盘雨花台的石头，整个的故事是一盘水又不可拟于《莫须有先生传》中之流水，因为盘已成就其方圆。读者可看见一颗一颗石头的境界与美，可是玩过雨花台的石头的又都会知道这些好看的石头如果离了水也就没有了它的好看。"① "盘"即《桥》的故事框架，正是这简单而又必要的故事框架把独立的"画簿"串连起来，把这许多画幅装订成一册完整的"画簿"。这种看法有其合理处，但没有看到《桥》其实保留着长篇小说向系列小说的过渡痕迹，故事框架的串连作用也正是长篇小说在《桥》里留下的最后一个据点。若打破这个盘，《桥》就成为纯粹的系列小说。《桥》的更深层的统一来自章与章之间的内部联系。小林的心理视角的运用使叙事单元之间获得了内在统一性。虽章节之间似无联络，场景更换频繁，甚至句与句之间的衔接也不那么紧密，然而它们都是通过小林的心理视角展示的，小林在这里起到了线的贯穿作用。除小林心理视角对叙事单元的统摄外，贯穿系列始终的抒情基调和情理线索使人物联翩而起的感兴、跳跃飞动的意象之间获得一种内在联系和统一。

相对于《桥》保留着长篇小说向系列小说的过渡痕迹，高晓声的系列小说《陈奂生上城出国记》保留着系列小说向长篇小说过渡的痕迹，它的叙事单元之间的联系要紧密得多。陈奂生系列是"同一性格"在几种不同情况下的统一表演，情节的设置、发展都是围绕着陈奂生独特的性格逻辑展开的，是为塑造陈奂生的形象服务的。系列单元之间的统一性更大程度上来自陈奂生性格的统一性及其合理发展。而在"人物汇聚"式的人物系列小说中，叙事单元的内在联系则来源于众多人物所处的共同背景，如《一百个人的十年》，"文革"十年的共同背景把互不连属的叙事单元结合在一起。

---

① 鹤西：《谈〈桥〉与〈莫须有先生传〉》，《文学杂志》第1卷第4期（1937年8月1日）。

与人物系列小说不同，地域系列小说的内在统一性来自叙事单元所共同表现的地域。在通常以人物、情节、环境为三要素的小说中，环境只是人物活动的舞台。而在地域系列小说中，作为人物活动环境的地域却上升为主导地位，成为系列所表现的主要对象。《果园城记》的"主人公是一个我想象中的小城，不是那位马叔敖先生——或是说那位'我'"①。在小说中，师陀或描画果园城美丽的花红果园、神秘的塔，或讲述那悲哀的人事，他的艺术聚焦点始终对准果园城，这一切自然和人事共同组成了果园城的艺术形态。

　　地域系列小说中，所谓的地域既然上升到艺术表现的主体地位，成为作家整个艺术追求和情感表现的载体，它就相应被作家赋予了丰富的内涵，已不是一般意义上的自然环境与社会环境的概念所能涵括。作为作家艺术表现的对象，它自身已成为渗透着作家主观情致的艺术形象。师陀所塑造的果园城不单是一个城，作家"有意把这小城写成中国一切小城的代表，它在我心目中有生命、有性格、有思想、有见解、有情感、有寿命，像一个活的人"②。在作者笔下，一切人事自然的抒写无不是为果园城的整体形象塑造服务的。果园城的整体形象意蕴不但决定着作家对材料的取舍剪裁，而且在深层次上制约着系列单元的整体格局。假若说，在长篇小说中，主人公性格发展的内在逻辑决定着作品的内在结构框架，那么在系列小说中，这种功能也只能由像果园城这样的文化空间来承担。零散的叙事单元共同完成对果园城整体意蕴的阐发，同时，具有特定指称的果园城反过来又赋予零星的人物和事件以新的意义，使互不连属的事物和人物勾连整合为一个凝聚力很强的表意整体。叙事单元所共同构筑的富有文化内涵的空间担当着"语境"的功能，它使叙事单元及内部散漫的"话语"获得了共同的意义指向。没有这特定的"语境"，系列之间将会分崩离析，成为一盘散沙，叙事单元终究只能是单元而已，不可能整合成为一个更大的整体。

　　叙事单元之间的统一性还来自同一的叙述视角。《果园城记》的大部分

---

① 师陀：《〈果园城记〉序》，见刘增杰编校《师陀全集》第2卷，河南大学出版社，2004，第453页。

② 同上。

叙事单元皆是通过第一人称"我"进行叙述的。在这一点上与《果园城记》相似的还有《在伊犁》《醒时的梦》《商州三录》等。它们的叙事单元大部分以第一人称的限制视角进行叙述。而《厚土》、《矮凳桥风情》、"葛川江"系列,其叙事单元则采用第三人称的叙述视角。在《厚土》中,除《锄禾》《选贼》《合坟》《秋语》的第三人称叙述采用"老人""老支书""学生娃"等称谓外,其余皆称以"他"(或"她")。叙事单元之间同一视角的选择,使单元之间获得了一种统一性。"他"的运用不但使叙事单元之间在叙述方式上带来了统一,更使每一叙事单元具有统一的美学风格。这显示出李锐高度自觉的文体意识。

系列小说结构更具外在浅层表现的是其母题所构筑的隐形的故事框架。《果园城记》中"我"回到阔别多年的果园城重访旧邻是一个最简单也最基本的事件,由这基本的事件生发出十九个关于果园城的故事。重访旧邻的基本故事及其结构作用在《在伊犁》《醒时的梦》中又一次得到重复。与上述三篇不同,《矮凳桥风情》的基本故事可用书中的比喻进行概括:"矮凳桥纽扣市场像一团面发了起来。"作者围绕这句比喻大做文章,其实醉翁之意不在酒。纽扣市场的发酵膨胀只不过是叙事的由头和联结叙事单元的纽带而已。

上述对系列小说结构形态的分析说明,系列小说在"反结构"的倾向中存在着更为深刻的结构意识。叙事单元形虽断而意相连。高度自由的形式意识与内在深层结构的制约使系列小说的结构呈现出富有张力的状态,可开可合,亦开亦合,开合随意,收放自如。互相独立的叙事单元与单元内部的松散结构共同指向一个更大的表意整体,形成有一定结构层次的完整系统,反过来又对每个叙事单元的内涵进行重新阐释与补充。与长篇小说严整、讲究的结构相比,系列小说的结构形态显得更为洒脱自然、纵横捭阖、雍容大度。通过"反结构"而重建的"结构"使系列小说能担负起更丰富的表意功能,以一个独立自主的整体与世界对话。借用苏珊·朗格的话说,系列小说这种富有张力的结构形态"本身也是一种包含着张力和张力的消除、平衡和非平衡以及节奏活动的结构模式,它是一种不稳定的然而又是连续不断的统一体"①。

结构方式

上面已经说过，系列小说独特的结构形态源于系列小说家的"反结构"倾向。其实，文学作品的结构是作家思维方式和感知方式的外化。系列小说家"反结构"倾向及由此形成的结构形态背后存在着更深层的创作动因。当舍伍德·安德森宣称"长篇小说的形式不宜于一个美国作家"时，他并不是一个标新立异的形式主义者。系列小说的形式不只是形式问题，形式不过是内容的表征。"系列小说"的形式是作家对世界不同的感知方式、思维方式的体现和外化。

从艺术的物化形态分类，绘画、雕塑被称为空间艺术，而在时间中展开的音乐、文学则被称为时间艺术。"既然符号无可争辩地应该和符号所代表的事物互相协调；那么，在空间中并列的符号就只宜于表现那些全体或部分本来也是在空间中并列的事物，而在时间中先后承续的符号也就只宜于表现那些全体或部分本来也是在时间中先后承续的事物。"②因此，小说只适宜叙述那些持续于时间的动作。以20世纪前小说形态的普遍状况来看，莱辛的这个观点无疑正确。20世纪前的大部分小说都采用一维时间的线性关系，按照不可逆转的时间顺序来组织小说的情节、场景、细节和人物的活动，事件的叙述都是在自然时序的控制下展开的。萨克雷称赞菲尔丁的《汤姆·琼斯》，就说它"哪怕是最不重要的事件，都推进故事向前发展，都是由在先的事件发展出来的"，"从开头第一页一直到最后一页都是有联系的"③。这种先后明确、一切小说因素都"推进故事向前发展"的结构形态，确实鲜明地体现了小说是时间艺术的特征。

线性的结构方式把历史看作是一长串因果有序的逻辑链条，沿着开端、

---

① 苏珊·朗格：《艺术问题》，滕守尧、朱疆源译，中国社会科学出版社，1983，第7-8页。
② 莱辛：《拉奥孔》，朱光潜译，见伍蠡甫、胡经之主编《西方文艺理论名著选编》，北京大学出版社，1985，第317页。
③ W.M.萨克雷：《菲尔丁的作品》，刘若端译，见汪培基等译《英国作家论文学》，生活·读书·新知三联书店，1985，第161-162页。

发展、高潮、结束、尾声向前秩序井然地运行。然而，舍伍德·安德森却宣称："真正的历史只是各个片刻的历史而已。我们只有在难得的片刻间是真正在生活的。"① 在他看来，历史不是前因后果的线性发展，而是一个个散落的点而已。真正的历史只呈现各个点的共时的空间存在状态。因此，只有打破传统长篇小说那种以时间的线性发展为主的结构方式而代之以空间组合为主、以时序和因果逻辑为辅的结构方式，才能更有效地、立体地表现所要反映的生活。小说作为一种艺术把握世界的思维和感知方式，正是由于世界以不同的形态进入作家的视野，才使他们采用不同的小说形态和结构方式。随着现代社会的发展，人们不再囿于一个小小的局部自然空间。人类文明的进步、现代科学的发展，带来了人们对时空的全新感受；人的活动领域拓宽了，现代人变得习惯于以"全球人"的身份去感受世间一切，人学会了而且善于多向多维地、共时地观看和思索自己和自己生存的世界。当今天的小说家也以这种思维方式来感知世界时，这世界就不再以一个情节历程来体现，而是呈现出多元的复合整体的面貌和网络化的联系。因此，与其将大千世界形形色色的人物、纷纭复杂的事件纳入一个循序渐进、因果明晰的情节结构中，倒不如对小说的叙述单元采用空间组合的方式，创造一个能和这网络化的复杂世界相对应的结构形态。这就是系列小说空间组合的结构方式产生的时代背景和文化背景，从中可见把握世界的方式对文学表现形态的制约作用。

然而，小说毕竟是语言艺术，语言所负载的意义，是在时间的连续性中展开的，任何叙述，只能沿着时间逐字逐句、先后有序地进行。"在现实世界里，即使恰好在同一个时间里发生了两件事，用语言表现它们时，也必须采取先说其中一件事，然后再说另一件事的形式；或者分部分交替着说两件事。总之都需要变成线性形式。"② 即所谓"花开两朵，各表一枝"。然而，我们探讨小说的时空关系，恰恰不能忽略小说叙述语言的一个特殊之处，即构成小说最小叙述单元的不是一个个字，一句句话，而是一些具

---

① 转引自吴岩：《〈小城畸人〉译者后记》，见舍伍德·安德森：《小城畸人》，吴岩译，上海译文出版社，1983，第203页。

② 池上嘉彦：《符号学入门》，张晓云译，国际文化出版公司，1985，第94页。

有相对独立意义且具有审美价值的小情节段。小说作为一种语言艺术，一个个字组成一句句话，一句句话组成一个句群，自然摆脱不了线性顺序的语言关系，但一个叙事单元与另一叙事单元的组合却不必受这种时间顺序的制约。它们的组合既可以是一种逻辑发展式的时间顺序和前因后果的关系，也可以是一种非逻辑发展式的空间类同、并置、铺张、互补、对比的关系。注重叙事单元之间的时序性和因果性，其组合体现为情节的线性发展；而注重叙事单元的空间横向组合，小说便表现为共时态的结构方式。系列小说就是由时序性、因果性的结构方式转向非时序、非因果的空间组合的结构方式的一个尝试。

在传统长篇小说那里，空间组合的结构方式并非不存在。如菲尔丁的《汤姆·琼斯》，整部作品由二百零八个事件组成，就某个事件与某个事件的组合关系来说，也不乏非线性、非因果的空间并置排比和互补关系。然而就小说结构整体而言，这二百零八个事件却无一不成为整个情节链条上的一环。空间组合的结构方式在传统长篇小说那里只是作为一个辅助手段而存在。而在系列小说那里，空间组合的结构方式则位移到结构方式的中心，线性的结构方式退居边缘，作为辅助手段而存在，然而又必不可少。师陀的《果园城记》，一方面，叙事单元的并置显示了它与作者另一部长篇小说《无望村的馆主》在结构方式上的根本差异，然而前者的每一叙事单元内部采用的仍然是传统的结构方式，作者仍然沿用他擅长的纪传体的方法，在一个叙事单元里叙述一个人一生的历史。只有这种横的呈现和纵的透视的相互结合，才使得作家能够成功地把时代氛围和历史积淀一起纳入进来，创造了他以前小说中未曾有过的巨大容量。

空间组合的结构方式最充分体现了系列小说的美学特征。从这个意义上说，《陈奂生上城出国记》《唯物论者启示录》系列，不能算是典型的系列小说。因为它们运用的还是传统长篇小说的时序因果逻辑的线性结构方式，叙述一个主人公的人生历程，完全按照时间顺序展开。它们更多地体现出长篇小说情节连贯性和完整性的结构特征，更接近长篇小说的分割式叙述。在结构方式以及由此表现的美学特征上，它们更接近传统的长篇小说家族。

同样作为人物系列小说，《桥》在结构方式上表现出不同的特征。《桥》

围绕小林、小琴、细竹进行叙述，按时间顺序先后展开，这方面显示它还保留着传统长篇小说的痕迹。然而，空间组合的结构方式、对空间意识的有意追求把它与传统的长篇小说区别开来。《桥》虽然按时间顺序展开，上、下两篇相隔十年，然而时间意识却被作者有意地加以淡化。十年前的小林与十年后的小林在性格上毫无差异。其实小林的性格塑造本不在作者艺术目标之内，废名无非借小林的视角参禅悟道，静观万物。"桥"本身只是隐喻，它起到把一个诗境、画境引领到另一诗境和画境的过渡作用。一个个诗境、画境只是因为小林才使它们有了联系。《桥》是一册风景画簿，翻开一页又是一页。各章就像群山中一座座山峰，岭断云连，联络起来又成为一个完整的艺术世界。废名在《桥》中有意识淡化了时间意识，而突出一个个诗境与画境所表现出的空间意识。《桥》的结构的散化很大程度上源于作者所采用的空间组合的结构方式。比起时间上先后发展的井然有序、逻辑严密，空间的组合要松散、无序得多。

与《桥》相比，完全脱尽了传统长篇小说结构方式痕迹的是地域系列小说和打破了叙述系于主人公的人物系列小说。在空间组合的结构方式上，它们更能体现出系列小说的美学特性。它们完全打破时间顺序、因果逻辑，系列的叙事单元互相独立，以并置、对比的关系参与作品整体意蕴的营造。《危楼记事》是空间组合结构方式的一个范例。小说讲述危楼里边形形色色的人和事，然而它并不是巴尔扎克"伏盖公寓"的翻版，两者之间存在本质差异，是两种完全不同的结构方式的产物。伏盖公寓只是线性发展的事件的背景，由"伏盖"延伸出去的小说场景都是相互承续的，不可自我独立；而《危楼记事》中的危楼则是有待叙事单元去填充的意象，发生于"危楼"的故事相互独立，场景并行设置，人物各行其事，空间组合的结果是形成一个"危楼"的大意象。危楼作为一个象征空间，控制着空间组合而形成的叙事单元，使其在更高层次上组织成一个整体，从而多侧面、立体化地呈现了一段梦魇的岁月。地域系列小说一般是通过空间组合构筑一个象征空间，除上述的"危楼"外，其余的如"果园城""葛川江""伊犁""桃溪"等。相对于地域系列小说，人物汇聚式的人物系列小说，如冯骥才的《一百个人的十年》、张辛欣的《北京人》则截取一个时间横断面，然后用这横断面的一个个点的集合来反映生活。地域系列小说中，人物附属于空间、为构筑象征空间服务。而在人物汇聚式的系列小说中，人物的多元汇合，被综合、归纳、抽象上升为重大的社会命题。

同样运用空间组合的结构方式的系列小说，又以其组合方式的不同，分为不同类型。

矛盾对拟。《果园城记》可看作这种组合方式的一个代表。"师陀的中原乡镇抒情小说，往往采取一种'矛盾对拟'的结构，如《果园城记》这部短篇小说集，不论就其整体结构还是具体作品，都是把不协调的甚或是色调完全相反的因素对举复合或交叉重叠起来。"① 这种矛盾对拟一般是人与自然，即"自然的美好，人事的丑陋"。矛盾对拟的组合方式使小说呈现出斑驳复杂的色彩，表现了师陀对中原乡镇又爱又恨的复杂心态。富有张力的组合方式又使散漫的叙事单元之间显露出内在秩序，收到较好的审美效果。与《果园城记》相似的是贾平凹的《商州三录》。历史与现实、自然与人事、神话与世俗等矛盾对拟，使作者可以自由地把笔触伸向自然、社会和人的感情世界的每一角落，从而立体、多元地呈现出商州那丰富多彩的文化形态。在《商州初录》的十三个短篇里，自然与人事、历史与现实、神话与世俗等，几乎都是完全孤立地处理的，但是把它们放置到一起，读者却无疑会获得关于商州浑然完整的活的感受，收到整体大于各个部分之和的审美效果，而且也克服了行文的单调与板滞，使作品呈现出流动多变、仪态万方的散文风韵。

意象组合。在《厚土》系列中，"厚土"是作者通过系列单元而刻意营造的一个意象。吕梁山厚土的具象被作者赋予了深广的内涵，象征着沉滞、深厚的民族文化心理。由于叙事单元对厚土意象的共同营造，使之具有了较强的凝聚力。"厚土"意象对各自独立的叙事单元起到一种神的统摄作用，承担着较强的结构功能。《厚土》系列中，李锐为突出"厚土"这个极富空间感的意象，有意识淡化情节的时间流程而强化一种涵盖万物、笼罩众生的空间意识。《厚土》的叙事单元中，虽有情节有故事，然而却没有发展，时间在这里按圆形轨迹前进；与此同时，作者有意识地把人物内心

---

① 解志熙：《创造性的综合——论中国现代散文化抒情小说的艺术特征》，见《风中芦苇在思索——中国现代文学的现代性片论》，河南人民出版社，1994，第16-17页。

活动具象化，把客观物象心理化，把再现与表现统一起来，有力地突出一个个空间意象，这一个个极富内涵的空间意象最后整合、生发成为"厚土"的大意象。

平行类聚。在《矮凳桥风情》、"葛川江"系列、《在伊犁》、《醒时的梦》、《一百个人的十年》、《北京人》等系列小说中，叙事单元之间不是呈现一种矛盾对拟的形态，而是并置、对等的关系，它们互为补充、互为参照、互为生发，从不同侧面指向系列的大主题。与矛盾对拟型系列小说注重组合的矛盾对比不同，平行类聚型系列小说更注重叙事单元的"多元汇合"。它们结合起来，共同建构起系列小说的独特表现空间。在《矮凳桥风情》里，作者写了鱼非鱼小酒家、没有名字的人、第一个做纽扣的人、造反派、小字辈、反对派等等，它们聚合起来就形成了林斤澜所创造的矮凳桥。《在伊犁》中，王蒙心中亲爱的伊犁化为穆罕默德·阿麦德、阿丽娅、马尔克木匠、好汉依斯麻尔、穆敏老爹、爱弥拉姑娘等这样一些人物，他们汇聚起来就成为王蒙心中的伊犁。《一百个人的十年》《北京人》采用人物汇聚的方式来表现特定的生活，没有这种人物大汇合的组合方式，要表现作者心目中特定的生活是比较困难的。须要强调的一点是，平行类聚的方式并不意味着作品的整体是各部分简单的相加之和。相互独立的叙事单元汇合以后所产生的审美效果远大于各部分的简单相加，这一点在下面会加以论述。

空间组合的结构方式一定程度上影响了系列小说的结构形态，这突出地表现在系列小说外部组织的松散上。叙事单元互相独立，脱去了任何外形上的联系。空间组合的结构方式又不同程度地影响了叙事单元的内部结构，使叙事单元不重传统的情节结构内部冲突的设置，而指向空间氛围的营造。系列小说叙事单元的内部没有"戏剧性"，没有紧张的结构张力。系列小说的"戏剧性"、结构张力更多地从散化的叙事单元与作品整体意蕴的关系上表现出来。空间组合的结构方式使叙事单元不重"故事性"，而更重一种氛围的呈现，由一个个小的空间氛围最终化合为一个整体的象征的空间氛围。明白这点，便可以更深层地理解有些系列小说如《果园城记》，其独特的散文叙述方式以及由此带来的整体的"小说体"效果。

结构效应

文学作品的结构,永远只能是一种手段。虽然有"结构美",但结构的制作必须要"合目的性",结构自身不能成为美学追求的最终目标。在文学的殿堂中,结构只能起"支柱"的支撑作用。系列小说基于对世界不同的感知方式与思维方式以及由此产生的表达方式,采用空间组合的结构方式,从而使系列小说呈现出与传统长篇小说截然不同的结构形态,它们最终的目标是:打破旧的结构束缚,采用新的结构方式,使新的结构能更自由、随意、逼真地把握世界与感知世界,使艺术品产生与现代审美要求相适应的美学效果。当舍伍德·安德森在《小城畸人》中创造了自己的结构时,他一定从一开始便注意到了他独创的结构意味着什么,即它将发生什么样的功能效应。当代系列小说的勃兴与发展,说明舍伍德·安德森创新结构的尝试是成功的。系列小说的繁荣已经证明:它是一种富有表现力的小说体裁,它创新的结构具有自己独特的功能效应。

同构效应

系列小说家摈弃长篇小说封闭与严整的结构模式,创造一种宽松、自由、舒放的结构形态,打破传统长篇小说时序关系、因果逻辑严密的线性结构方式,而代之以空间组合为主、线性结构为辅的结构方式。上面已论述过,这种新的结构方式产生于人们把握世界的感知方式与思维方式的改变。这种新的结构与结构方式的产生,也是小说家为了使小说更贴近生活原生态的一种尝试。"艺术所用的内容和形式正是客观存在的内容意蕴和显现的方式。"[①] 系列小说家突破小说作为时间艺术的限制,取绘画、雕塑之长,用一个个小叙事单元去对应生活中的一个个点,由点到面,用横面上相对独立和完整的众多的"点"来表现时代生活和精神的"面",从而与生活取得一种"同构"的关系。"艺术形式与我们的感觉、理智和情感生活所具有的动态形式是同构的形式"[②]。不但如此,艺术形式与其所表现的对象

---

① 黑格尔:《美学》第 3 卷(下),朱光潜译,商务印书馆,2009,第 50 页。
② 苏珊·朗格:《艺术问题》,滕守尧、朱疆源译,中国社会科学出版社,1983,第 24 页。

之间也可建立一种同构关系，从而收到逼真、自由、随意地表现生活的审美效果。

当然，这种"同构"，最终也只能是"异质同构"而已。艺术毕竟不能等同于生活，柏拉图的"生活模仿"说和车尔尼雪夫斯基的"美是生活"说只有一半正确。艺术必须是一种发现和提炼，文学是作家主观情致活动的产物，它来源于生活，然而已与生活在本质上区别开来。系列小说家对生活的"同构"反映，不是简单照搬和模仿，它是小说家对生活的内在形式独特发现后运用文学形式表现出来的一个独特创造。它与生活原生态"同构"却不"同质"，已成为抽象的审美形式。

师陀作为中原人，他对中原乡镇文化深有了悟，谙熟于心，它化为作家的主观情致，又不自觉地影响到这主观情致的产物——作品的形式结构。从小生于农村，他对大平原上散落的一个又一个村落非常熟悉。中国作为重血缘血亲的宗法制社会，"聚族而居"的观念产生了独有的村居文化景观。一个村落，就是社会的一个小组织细胞群，它们是封闭的整体，有其秩序井然的内在结构秩序，"一村一社会"，这小社会的基层组织就是无数个家庭。这无数个家庭的"点"集合起来就成为立体的多元组合的"户群—村落"社会。师陀意识到，为了多元、立体地去表现这样多方位的、有一定结构层次的"户群—村落"，运用传统长篇小说线性因果逻辑的方式就会显得捉襟见肘，有削足适履之嫌。为了表现这种独特的对象，师陀采用空间组合为主、线性逻辑为辅的结构方式。这样一来，果园城作为中国一切小城的象征和代表，已不是户群的简单会聚，而呈现出矛盾对拟的复合形态。

同构效应最明显的效果就是：艺术似乎以生活的本真面目向读者呈现。王蒙在《在伊犁》中力图实践"真实朴素"的艺术观，他把自己尝试的成功归因于对职业的文学技巧的摒弃。他似乎没有意识到系列小说的结构方式是他达到真实朴素艺术美的另一更为有效途径。面对散漫的生活原生形态，系列小说这种散漫的体裁无疑最易与其取得"同构"。这种"同构"使系列小说显得似乎是一种朴拙的、毫无匠心的形式。然而正是与生活的"同构"给传统的小说艺术注入新鲜活力，使系列小说获得返璞归真、大巧若拙之美。

空间组合的结构方式较易使系列小说取得与生活的"同构"——生活是空间呈现、多元并存的状态。即使是那些保留了传统线性逻辑结构方式的系列小说，也可与生活取得一种"同构"。系列小说的线性逻辑的结构方式与传统长篇小说的结构已有较大不同：它不是一条直线，而是一条线上许多间断的点。它使系列小说更接近生活的原生态：生活不是一条线的直进，而是呈现阶段性的时行时止状态。

聚合效应

系列小说家采用空间组合的结构方式，使叙事单元与其所表现的对象之间产生一种同构效应。然而，这一个个互相独立的叙事单元最终要聚合起来，产生整体的审美效果。这整体的审美效果又不是叙事单元之间的简单相加，它来源于各个叙事单元，但又大于各部分相加之和。这种"整体大于各部分的相加之和"的审美接受效果，可称为系列小说结构的"聚合效应"。

王蒙的《在伊犁》，写的虽然只是散乱的一个个人物，如穆罕默德·阿麦德、美丽的阿丽娅、马尔克木匠、好汉依斯麻尔、穆敏老爹等，然而他们汇合起来，人们得到的却是关于伊犁的总体印象。贾平凹的《商州三录》，作者在有的单元侧重于人事风俗的讲述，在有的单元侧重于山川形胜的描绘，然而当人们读完这些系列后，得到的却不是一个个孤立的关于商州的印象，商州最后以立体的形态丰富多彩地凸现在读者面前。李锐的《厚土》系列，一个个简短的故事组合起来便是一个"厚土"的大意象。若把《果园城记》的叙事单元分开来读，哪一个都似乎显得过于单薄和小巧，然而，读完后掩卷沉思，当果园城以立体的形态显现于你面前时，你才感到那每一个单薄故事的沉重。当你读完李杭育的"葛川江"系列后，你不但被福奎、耀鑫、"老头"、"船长"的单个形象所感动，而且深深浸入到"葛川江文明"的整体氛围中去。系列小说的叙事单元互相独立，又互为补充，互为照应，共同聚合成为一个更大的整体，它的叙事单元之间不是简单相加，而是格式塔心理学所说的由形式与关系所生成的一种整体结构的一个"新质"。它源于各篇结构之和但又远大于各篇结构相加之和。

聚合效应在空间组合的结构方式占主导的系列小说那里表现得最为明显。聚合效应的获得，很大程度上归因于这类小说对象征空间的设置。散漫的叙事单元共同指向象征空间，象征空间的设置使互为独立的叙事单元获得一种向心力，从而使其具有凝聚起来的可能。而且叙事单元凝聚而成的象征空间，反过来又使单元及其关系得到重新阐释。林斤澜《矮凳桥风情》的叙事单元都有一个副题，这些副题毫无例外都有"矮凳桥"的定语限定。这是富有意味的。作者似乎暗示，每一叙事单元都隶属于"矮凳桥"这个特定的象征空间，"矮凳桥"的独特空间赋予单个的叙事单元以新的意义。矮凳桥的象征空间又使叙事单元之间获得了一种关系，它们应相互阐释。象征空间的设置，又使叙事单元的自身意义得到丰富，使叙事单元之间建立密切的关系，使其互相呼应，互相对比，互为补充。象征空间的设置，使叙事单元的自身意义完成一次飞跃，指向更大的表意整体。若失去了象征空间的统摄作用，散漫的叙事单元结合在一起，只是意义的简单杂凑和胡乱拼贴而已，不可能形成整体的审美效果，更不用说聚合效应的产生。

聚合效应的获得还可从符号的指代作用上得到解释。冯骥才要表现"文革"十年的整个社会画面，他不可能选择所有的人物进行描述。他选取一百个人作为代表，反映的社会内涵却远大于这一百个人的简单叠加。一个简单的符号可用来指代丰富的内涵，系列小说的叙事单元便充当着符号的这种指代作用。当这一个个"符号"被有目的地集合在一起时，它们那较强的指代作用表现得更为明显。《果园城记》的每一叙事单元拆开来意义并不大，但若把它们放在一起进行观照，便会发现它们组合为一个文化空间——果园城，成为中国一切小城的代表和缩影。果园城的丰富内涵产生于单个叙事单元组合的指代作用。

聚合效应的产生，很大程度上有赖于读者的接受态度。系列小说向读者的审美接受提出挑战，因为叙事单元在外部形态上无任何联系，只有通过积极的审美接受和再创造，互相独立的叙事单元才有可能被整合为更大的表意整体。一个被动的接受者有可能理解并欣赏单个的叙事单元，但系列小说整体的审美效果就有可能被他无意间错过。

在文学园地中，作为文体的小说只是一位后来者，内蕴着无限发展的潜力。它"是一种较晚的现象，它的艺术形式仍在发展，仍然以前所未有的效果，全新的结构和技巧手段使评论家们感到惊奇"①。系列小说就是小说文体自身发展、新陈代谢的产物。它以其开放自由而具有内在调节机制的结构形态来洒脱自如地表现生活。这种独特的结构形态源于其空间组合为主的结构方式。系列小说这种富有活力的结构与结构方式产生了丰富的结构效应，具有现代审美情趣。

然而，系列小说毕竟还是一种正在发展着的小说体式，它也有自身的有待完善之处以及由此带来的表现生活方面的限制。系列小说作为小说群落，它的基本叙事单元只是一个个的短篇小说而已。系列小说只是短篇小说（或中篇小说）以一种独特方式汇聚的产物。作为短篇小说艺术，系列小说并没有带来多少新意。系列小说的结构具有开放性、灵活性、随意性等优点，但比起恢宏的长篇巨著来，它毕竟显得小气。真正能代表一个时期小说最高发展水平的，还只能是长篇小说艺术。

---

① 苏珊·朗格：《情感与形式》，刘大基、傅志强、周发祥译，中国社会科学出版社，1986，第334页。

时代女性与茅盾小说的身体叙事

现代文学史上，茅盾以社会剖析小说见长，并以此奠定其在文学史上的地位。但是，茅盾的社会剖析带有过强理性色彩。读《子夜》，感觉茅盾似乎有两副笔墨。写期货交易所，写工厂，写男性，是一副笔墨；写家庭，写闺房，写女性，是另一副笔墨。写吴荪甫，为突出其外强中干和蛮横专断，反复渲染"咬牙"的面部动作，感觉茅盾在塑造这个资本家形象时，理性用得过多了一点，使这个人物不时显出枯窘之态，同时，作家的笔也给人以滞涩之感。但当作者的一支笔，用于女性，写到林佩瑶、徐曼丽等人时，则显得摇曳多姿、活色生香，使人感到茅盾最擅长的还是女性形象的描绘与把握。

创作《子夜》前，茅盾已经发表《蚀》三部曲、《虹》、短篇小说集《野蔷薇》等，这些小说同样以女性形象的塑造见长。现在通常把茅盾《蚀》三部曲、《虹》塑造的女性形象称为"时代女性"。现代作家以塑造时代女性形象见长的不止茅盾一人，茅盾外，丁玲塑造的梦珂、莎菲等形象也很有名。但女性书写，对于两人的意义并不一样。茅盾与丁玲皆以女性书写开始自己的小说创作，但丁玲在转入左翼后，其女性视点逐渐被放弃，只在《我在霞村的时候》《在医院中》偶一显露。茅盾则始终执着于女性书写，其后期的《腐蚀》《霜叶红似二月花》，其中人物显得精彩夺目，给人留下深刻印象的，还是女性。可见，现代作家中，最为执着于女性书写，以女性书写见长的，非茅盾莫属。从这个角度讲，茅盾虽然被誉为左翼文学巨匠、社会剖析派大家，但他的小说，在艺术上能够留下来的，却不是对社会的理性剖析，而是对现代女性的精彩描绘。

时代女性两型

茅盾塑造的时代女性，从气质上讲大致可分两类，一类如《幻灭》的静女士、《动摇》的方太太，属于阴柔型；《幻灭》的慧女士、《动摇》的孙舞阳、《追求》的章秋柳，《虹》的梅行素，则属于阳刚型。阴柔型女性温婉、恬静、矜持，阳刚型女性豪爽、洒脱、刚毅。所谓阴柔型和阳刚型，只是人物气质的划分，两类人物在思想上与精神上是相通的，如坚韧、执着，有强烈的女性意识等。不过，在对传统女性道路的反叛上，阳刚型女性比阴柔型女性无疑要走得更远一些。

对于这两类女性，茅盾更偏向阳刚型女性，这从数量上可以看出，他塑造的时代女性大多为阳刚型，阴柔型只有静女士与方太太等。在《从牯岭到东京》一文中茅盾曾提及这两类女性："静女士和方太太自然能得一般人的同情——或许有人要骂她们不彻底，慧女士，孙舞阳，和章秋柳，也不是革命的女子，然而也不是浅薄的浪漫的女子。如果读者并不觉得她们可爱可同情，那便是作者描写的失败。"这段话似乎显示茅盾对笔下两类人物不分轩轾，同样看待，但从其创作实践可看出，他塑造得最多、最精彩、最具个性的，还是阳刚型女性。

对于这两类女性的身体，茅盾所采用的描写手段也不一样。对于阳刚型女性，茅盾倾向于绘其形，突出其身体"肉感的特点"；对于阴柔型女性，茅盾倾向于传其神，突出其"不可分析的整个的美"。《幻灭》对于静女士与慧女士，采用的就是这两种描写手法：

> 五月末的天气已经很暖，慧穿了件紫色绸的单旗袍，这软绸紧裹着她的身体，十二分合式，把全身的圆凸部分都暴露得淋漓尽致；一双清澈流动的眼睛，伏在弯弯的眉毛下面，和微黑的面庞对照，越显得晶莹；小嘴唇包在匀整的细白牙齿外面，像一朵盛开的花。慧小姐委实是迷人的呵！但是你也不能说静女士不美。慧的美丽是可以描写的，静的美丽是不能描写的；你不能指出静女士面庞上身体上的哪一部分是如何的合于希腊的美的金律，你也不能指出她的全身有什么特点，肉感的特点……似乎有一样不可得见不可思议的东西，联系了她

的肢骸，布满在她的百窍，而结果便是不可分析的整个的美。①

这一段对比两类女性所具有的不同美感特点。对于静女士，茅盾认为其美是综合的，不可分析，所以，读过《幻灭》，我们从静女士所得的，偏于精神的幻灭情绪，对静女士的身体特征，则无从把握。与此相对照，慧女士在小说中虽偶一露面，但其精神的玩世不恭，身体的肉感迷人，却给读者，特别是男性读者，留下深刻印象。之所以会出现这样的阅读体验，与茅盾对阳刚型女性身体特征的细致呈现是分不开的。

时代女性的身体叙事

《幻灭》之后，茅盾在《动摇》《追求》《虹》三部作品中，分别塑造了三位阳刚型女性。对于孙舞阳和章秋柳，小说充分呈现她们身体的"肉感特征"。《动摇》中，孙舞阳的形象一开始是出现在方罗兰的幻觉中，突出了孙舞阳细白米似的两排牙齿和灼热的肥白的小手，继而她的形象又出现在老流氓胡国光的视线中：

> 这天很暖和，孙舞阳穿了一身淡绿色的衫裙；那衫子大概是夹的，所以很能显示上半身的软凸部分。在她的剪短的黑头发上，箍了一条鹅黄色的软缎带；这黑光中间的一道浅色，恰和下面粉光中间的一点血红的嘴唇，成了对照。她的衫子长及腰际，她的裙子垂到膝弯下二寸光景。浑圆的柔若无骨的小腿，颇细的伶俐的脚踝，不大不小的踏在寸半高跟黄皮鞋上的平背的脚，——即使你不再看她的肥大的臀部和细软的腰肢，也能想象到她的全身肌肉是发展的如何匀称了。总之，这女性的形象，在胡国光是见所未见。②

这段对于孙舞阳的身体描写，与《幻灭》中对慧女士的身体描写，虽

---

① 茅盾：《幻灭》，见《茅盾全集》第1卷，人民文学出版社，1984，第20页。
② 同上，第168页。

同样偏重于女性身体的"肉感特征",但其内涵不同。《幻灭》侧重于对比两类女性不同的美感特点,而《动摇》从旧派人物胡国光的视点出发,对新派人物孙舞阳的身体描写,则突出了新派女性"见所未见"的现代特质。茅盾采用胡国光的视点对孙舞阳进行身体描写外,还在第三章运用胡国光的视点对另一新派女性方太太进行了身体描写。通过胡的视点,小说写方太太外貌:"小小的鹅蛋脸,皮肤细白,……还是少女的装扮;出乎意料之外,竟很是温婉可亲的样子,并没新派女子咄咄逼人的威棱。"① 听了方太太言谈后,胡国光暗自诧异,感觉她温雅和易,没有任何政治气味,与想象中的方太太绝对两样。也就是说,作为新派女性的方太太,从外形到精神,对于旧派人物胡国光,皆没有形成冲击力。而同为新派女性的孙舞阳,在胡国光的眼里则是"见所未见",是全新的,表现在身体层面,就是"那女的可就像一大堆白银似的耀得胡国光眼花缭乱",对之形成极大震撼。这种对比,是为了展示同为新派女性,阳刚型的孙舞阳要比阴柔型的方太太,更加具有活力,更加新潮和现代。

作为新派女性,孙舞阳不但对于旧派人物是"见所未见",对于新派人物同样是"闻所未闻"。《动摇》第六章有一细节,写方罗兰在孙舞阳房间闻得一阵奇香,后发现香气来自黄色纸盒,盒面有"Neolides-H.B."字样,方罗兰认为是香粉,其实那是当时新派女性都喜欢用的一种避孕药。这个细节,显示当时新派女性性观念的大胆和开放,已经是同为新派人物的方罗兰所不能理解了。这也是从身体层面来展示阳刚型女性的新派与开放。

茅盾所写阳刚型女性中,其肉感特征被揭示得最充分、显得最为艳冶的,当数《动摇》的孙舞阳。慧女士在《幻灭》只是偶尔出现,作者对之没有充分描写。到了《虹》,在女性身体描写上,茅盾用笔已非常注意分寸。《追求》对于章秋柳的身体虽有多处大胆描写,但比较笼统和概括,细致程度和所达到的动态效果远不及《动摇》。《动摇》对孙舞阳的身体,是多角度分层次的立体展示。先让她出现在方罗兰的幻觉中,继之写胡国光对她的观察,然后又写方罗兰在其室内闻香,史俊寻其不遇,在路上则不期然瞥见孙舞阳那淡蓝衣角一闪。这样,就通过不同身份的男性,呈现了

---

① 茅盾:《动摇》,见《茅盾全集》第 1 卷,人民文学出版社,1984,第 129 页。

新派女性孙舞阳身体的活力及妖冶之态。在聚焦孙舞阳的身体时，小说不但写孙的外在体态之美，把其放在不同的光影变化中来展示，而且还写其说话送来的"阵阵的口脂香"，写少女身体的肉香，写其口气轻微喷射于男性颈间所带来的巨大震颤，写其言语之间的媚态。总之，茅盾写孙舞阳，不仅写其美，更能写其"媚"。活力四射的孙舞阳于是跃然站立于读者面前。

衣饰是身体的有机组成部分，可以说衣饰就是身体，衣饰描写属于身体叙事的重要内容，在小说叙事中承担着重要功能。茅盾非常擅长女性的衣饰描写，这一点突出体现在《动摇》中。孙舞阳在小说中首次出现于方罗兰的幻觉中，身着"墨绿色女袍"。第一次正面出场，则"正玩弄她的白丝围巾"。胡国光眼里的孙舞阳穿了淡绿色衫裙，垂及膝弯下二寸光景，剪短的头发上箍着鹅黄色软缎带，典型的新派女性装扮。孙舞阳跳舞时"短短的绿裙子飘起来，露出一段雪白的腿肉和淡红色短裤的边儿"。多么具有魅惑性！孙舞阳到车站送史俊，因赶时间而"面红气喘，而淡绿的衣裙颇有些皱纹"。当她扯出手帕对史俊摇挥时，"手帕上飘落了几片雏菊的花瓣，粘在她的头发上"。这是通过衣饰来暗示孙舞阳性生活的开放。小说涉及方罗兰与孙舞阳关系的场合，往往会对孙舞阳的衣饰有所描写。《动摇》第九章，烦闷中的方罗兰走到孙舞阳房间，要告诉她自己的决定，"现在方罗兰正背着明亮而坐，看到站在光线较暗处的孙舞阳，穿了一身浅色的衣裙，凝眸而立，飘飘然犹如梦中神女，除了她的半袒露的雪白的颈胸，和微微颤动的乳峰，可以说是带有一点诱惑性，此外，她使人只有敬畏，只有融融然如坐春风的感觉，而秽念全消"①。这一段既写孙舞阳带有诱惑性的身体，又突出孙的"一身浅色的衣裙"和"凝眸而立"的神态，使她在崇拜者方罗兰面前犹如"神女"。但浅色衣裙似乎遮蔽不住女性身体，反而彰显女性身体。小说同章，方罗兰在"五七"纪念会中遇到孙舞阳，"她右手扬起那写着口号的小纸旗，遮蔽阳光，凝神瞧着演说台。绸单衫的肥短的袖管，直褪落到肩头，似乎腋下的茸毛，也隐约可见"②。这一段，衣饰的遮

---

① 茅盾：《动摇》，见《茅盾全集》第 1 卷，人民文学出版社，1984，第 197 页。
② 同上，第 210 页。

蔽功能更是大大减弱，因为它已"褪落到肩头"，写衣饰是为了突出那隐约可见的"腋下的茸毛"，女性隐秘的身体和男性的欲望同时被凸显出来。"五七"纪念会第二天一大早，方罗兰再次来到孙舞阳住处，"她还只穿着一件当作睡衣用的长袍，光着脚；而少女们常有的肉体的热香，比平时更浓郁"。面对男性在场，孙舞阳毫无羞涩之态，很坦然地穿袜换衣服，嘴里哼着歌曲。对方罗兰的表白，她毫无所动，很镇静地拒绝对方，"她让那件青灰色的单衫半挂在一个肩头，就转身半向着方罗兰，挽着他的右臂，轻轻地把他推出了房门"。茅盾在这里通过孙舞阳换衣服的举动，写出了新派女性身体是女性、性格为男性的阳刚气质。小说第十一章，流氓袭击妇女协会和县党部后，方罗兰在街上再次遇到孙舞阳，"她穿一件银灰色洋布的单旗袍，胸前平板板的，像是束了胸了"。"束胸"的细节既包含男性对于女性的性别关注和隐秘欲望，又暗示事态危机，渲染出一派恐怖气氛，象征乱世中女性更为艰难险恶的处境。为了逃难，孙舞阳进行改装，成为衣衫褴褛的小兵，"白嫩的手缩在既长且大的一对脏衣袖内，臃肿不堪的布绑腿沾满了烂泥，下面是更破的黑袜套在草鞋内"，手和脸的白嫩与衣服的肮脏形成极大反差，让方太太不禁失笑。这是通过方太太的视点来呈现改装的孙舞阳。但是，当孙舞阳去掉伪装，"把一件破军衣褪下来，里面居然是粉红色，肥短袖子，对襟，长仅及腰的一件玲珑肉感的衬衣"。这时，视点悄悄转换成男性方罗兰的了：

  方罗兰看见孙舞阳的胸部就像放松弹簧似的鼓凸了出来，把衬衣的对襟纽扣的距间都涨成一个个的小圆孔，隐约可见白缎子似的肌肤。她的豪放不羁，机警而又妩媚，她的永远乐观，旺盛的生命力，和方太太一比而更显著。方罗兰禁不住有些心跳了。①

由束胸到放胸，由改装到复原，由女性视点到男性视点，茅盾对孙舞阳的衣饰描写承担着复杂的修辞功能，既揭示了时代政治与女性身体的内在关系，男性对于女性的爱欲，又表现了阳刚型女性的机智、妩媚与活力。

---

① 茅盾：《动摇》，见《茅盾全集》第1卷，人民文学出版社，1984，第255页。

茅盾的身体叙事是否存在"男性视点"?

关于茅盾的女性书写,议论较多的是茅盾女性身体叙事背后存在所谓"男性视点",即茅盾作为一个男性作家,在表现女性时,在意识中自觉或不自觉地较多关注女性身体的性别特征,不适当地呈现了女性脸蛋、乳房、臀部等部位,显露不健康的赏玩趣味,暗示出对于女性身体的隐秘欲望。这种批评是否有道理?

要解决这个问题,首先要对"男性视点"这一概念作严格界定。叙事学理论中,"视点"不同于"视角",指小说情节叙事内部,由某个特定人物通过其特定视角对周围环境包括周围人所做的观察,这个观察人就是所谓的"视点人物"。小说叙事中,这样的视点人物可以是多个,性别上可以是男性,也可以是女性。若视点人物是男性,这样的视点就可以称为"男性视点"。例如在《动摇》中,由胡国光或方罗兰出发对于孙舞阳所做的观察,就是一种"男性视点"。这种意义上的"男性视点"隶属于小说的情节布置,视点人物的选择,是为情节发展的需要服务的。选择什么样的视点人物,是作家的自由。因此,如果从这个角度批评茅盾女性书写背后所显露的"男性视点",是不成立的。茅盾在《动摇》《追求》中,对于女性的身体描写,大多是通过男性视点人物进行的,若说这种描写表现了男性对于女性的隐秘欲望的话,那也是小说人物对于女性的欲望,与作家本人扯不上关系。

另一种"男性视点",其含义类似于"男子中心主义"或"大男子主义",指小说整体情节叙事所体现的价值取向,是不尊重女性,对女性持赏玩、亵玩态度。这样一种"男性视点"在茅盾小说中同样是不存在的。茅盾前期小说,如《蚀》三部曲、《虹》,不但不存在这样的"男性视点",恰恰相反,存在着"女强男弱""女美男丑"的模式,女性在性格上要远强于男性,女性在外表与体态上也远美于男性。这种性别之间的有意对比,在茅盾小说中随处可见,如《幻灭》中静女士与抱素,《动摇》中孙舞阳与方罗兰,《追求》中章秋柳与史循,《虹》中梅女士与韦玉、柳遇春。这些女性身体是女性,但性格上却是"男性",爽朗洒脱,刚毅果断,是女子中的大丈夫,与此相对照,她们身边的男性却一个个性格懦弱,猥琐不堪,为

"姝姝然的小丈夫"。这些女性不但性格强过男性，身体也比男性健康，洋溢着生命的活力。如《虹》中韦玉身患肺病，而梅女士却满含青春活力，令韦玉自惭形秽。《追求》中史循通过镜子反射看见章秋柳丰腴健康的肉体，同时更加认识到自己"骨胳似的枯瘠"①，这种可怕的对照把他抛入绝望深渊。茅盾之所以尊重女性、讴歌女性，是因为他同情女性、理解女性，深刻认识到女性在现代社会中的艰难处境。就如《追求》中王诗陶对章秋柳所说："在这斗争尖锐的时代，最痛苦的是我们女人。"正是出于对于女性的理解、尊重与同情，茅盾彻底颠覆了中国传统文化的男子本位与男子中心，对男人进行无情嘲讽，而给予女性大胆歌颂与肯定。若说这是一种"视点"的话，那也是"女性视点"，而非"男性视点"。

　　局部情节上，"男性视点"的选择是作家自由。整体价值立场上，茅盾又同情女性、尊重女性、讴歌女性。那么，对于茅盾身体叙事中所流露的"男性视点"的指责是完全错误的吗？也不尽然。茅盾前期信奉自然主义，在他前期的小说中，不自觉保留有自然主义的一些因素，其中重要体现就是对于女性的身体描写，有时存在不太节制之处，特别是对于女性胸部的描写稍多，有些描写稍稍游离于情节发展之外。如《追求》第七章："一片浮云移开，金黄色的太阳光洒了章秋柳一身；薄纱的睡衣似乎成为透明，隐约可见她的胸部正在翕翕地动。"②这里的胸部特写就显得没有必要。总体上讲，茅盾早期几部小说，特别是《动摇》《追求》，对于女性的身体描写，偶尔在笔致上有越轨之处，如果说这些地方存在对于女性身体的赏玩，也是说得通的。但把这种描写的偶尔越轨上升为"男性视点"，则存在夸大之嫌。对于茅盾来说，这种描写的偶尔越轨纯属大醇小疵，掩盖不了他在女性书写上的卓越才华。而且，茅盾小说的女性身体叙事也存在一个发展变化的过程。在《动摇》《追求》之后，茅盾很快意识到自己的问题。从《虹》开始，凡涉及女性身体叙事之处，茅盾用笔皆非常审慎，其简约含蓄的风格，与《动摇》《追求》相比，已大为不同。

---

① 茅盾：《追求》，见《茅盾全集》第1卷，人民文学出版社，1984，第397页。
② 茅盾：《追求》，见《茅盾全集》第1卷，人民文学出版社，1984，第390页。

中原三作家结缘黄河

黄河流经中原,中原作家与黄河有着千丝万缕的关联。这些作家从小生活于黄河岸边,大都有浓厚的"黄河情结"。写黄河、唱黄河,似乎已成为他们不约而同的选择。作家们写黄河、唱黄河的形式丰富多样,有小说、诗、歌词、散文、报告文学、唱本、话剧、电影文学剧本,等等。而就小说来讲,中原小说家写黄河的作品也不胜枚举。在这些作家中,笔者精心挑选了三位最有代表性的,来谈谈他们与黄河的因缘。

冯金堂与《黄水传》

中华人民共和国成立后,河南的第一部长篇小说《黄水传》就以黄河为题材。作者冯金堂(1922-1968)为河南扶沟县季历岗村人,是个地道的农民作家。他由农民成长为作家的经历,带有一定传奇性。由于家庭贫困,冯金堂只上了四年小学就辍学务农,后来却凭着艰苦自学和超常毅力,完成35万字的长篇小说《黄水传》,在20世纪50年代末、60年代初的河南甚至全国拥有一定知名度。他的这种传奇,可以说是黄河赋予的。1938年黄河泛滥,扶沟县沦为黄泛区,冯金堂在家撑船一年多,后逃难到陕西省黄龙山开荒种地,抗战胜利后返家。因此,冯金堂虽非黄河岸边人,黄河却硬生生闯入他的家乡、他的生活。他后来写黄河,为黄水作传,既有生活的偶然性,又有历史的必然性。写《黄水传》前,冯金堂已经写过通俗文艺作品《控诉蒋贼扒黄河》(坠子),这是专门讲述1938年黄河花园口决口事件的第一部作品。1961年出版的《黄水传》,则用传统通俗小说章回体形式,讲述黄河决口给人民带来的巨大灾难。

《黄水传》共41回,前21回讲述张家庄农民在黄水到来后十室九空的悲惨情景,写了武强、李小荣、张成仁等农民逃荒路上的苦难生活,以及留守农民李老万一家在地主周大赖剥削下家破人亡的凄惨遭遇。后20回讲述抗战胜利后武强、三喜、二怪等回到家乡,在新四军带领下,开展土改工作和游击战争,迎来黄泛区解放。小说通过黄河泛滥带给人民的灾难,控诉国民党统治下的旧中国;又通过新四军带领人民得解放,歌颂新中国。小说中的"黄水"(黄河水)带有隐喻性,隐喻国民党反动统治给人民带来的无穷灾难。

《黄水传》是中华人民共和国成立后第一部描写黄河的长篇小说,冯金堂以这部作品获得了很大荣誉。小说在艺术上有可称道之处,如语言朴素,人物对话部分采用中原地区的方言土语;结构采用章回体形式,每章题目皆用对句,结尾则用七言绝句对全篇内容进行概括;一些主要人物如武强、小荣、玉生、周大赖塑造得较为生动。但由于时代背景及作者艺术修养、思想认识的局限,这部小说留下的缺憾同样非常明显,如情节叙事和人物描写上平均用力,没有塑造出能真正打动人心的人物;思想深度不够,只着眼于再现黄泛区人民的苦难生活,虽通过部分人物如武强、小荣写出了人民面对苦难的坚韧态度,但由于作者侧重从阶级性来写,没有揭示出人性面对苦难所应有的丰富与伟大。小说题目为"黄水传",即为"黄河"作传,这显然是个大题目,也是绝妙好题;但作者却没有利用好"黄河"这一元素。小说在情节叙事上只着眼于水患,黄河在作品中仅作为"黄水"出现,"黄河"只不过是一条普通河流,可置换为其他任意一条大河。

20世纪30年代,黄河花园口的决口与泛滥,淹死一百万老百姓,造成大量难民逃亡和流离失所,给中国人带来巨大痛苦,可称现代史上的大事件。这样的大事件,期待艺术的大手笔给予相称的艺术表现。对于这个大事件,冯金堂作为农民作家,第一个做出敏锐反应,无疑是可贵的,也是可敬的;但要表现这样的大事件,冯金堂的艺术储备和思想储备,显然又是远远不够的。因而,艺术再现这一伟大事件的历史性任务,就责无旁贷地落到另一中原作家李準的肩上。

李凖与《黄河东流去》

李凖（1928—2000），蒙古族，河南孟津县人。黄河从孟津北部流过，"孟津"得名就与黄河有关。李凖后来结缘黄河，写出《黄河东流去》，一方面来自他生在黄河边，与黄河有天然联系；另一方面，则与他独特的生活经历有关。1942年，年仅14岁的李凖，作为流亡学生，随同大批黄泛区难民，由洛阳逃亡西安。难民的流亡生活，特别是在逃难生活中，他们对固有生活习俗与伦理道德的坚持，给少年李凖留下深刻印象。李凖说："就是在那时，我开始认识我们苦难的祖国，开始认识了我们伟大的人民。"①1949年，李凖作为农村银行信贷工作者，第二次到黄泛区，对黄泛区人民的生活有了更深入的接触与体验。1969年，李凖被下放到黄泛区农村劳动整整三年。三年中，李凖更系统地了解了黄泛区难民们的"家史"。《黄河东流去》中七户农民的流浪史，就是由这些"家史"提炼而成的。三次与黄泛区农民的接触，奠定了李凖坚实的生活基础，他结缘黄河，最后拿出《黄河东流去》这部大书，就来自他与黄泛区难民的多次亲密接触与精神碰撞。

有趣的是，李凖接触的黄泛区农民中，就包括冯金堂。据冯金堂侄女冯芳梅口述，1954年，冯金堂参加河南省文联第一次代表大会，认识李凖，两人从此成为好友。李凖后来下放到黄泛区生活时，冯金堂与其"携手了解农村，体验生活，调查黄泛区的过去和现状，特别是扶沟人在黄水泛滥时大量逃荒到陕西的历史，为李凖以后创作《黄河东流去》积累了素材"②。李凖在黄泛区广泛调查难民家史，积累生活素材，而陪同他的冯金堂本人就是这样一个地地道道的"难民"。笔者推测《黄河东流去》中"春义"就有着冯金堂的影子。因为小说第29章《咸阳饭铺》写读过四年小学的春义打算到黄龙山开荒种地，这恰恰与冯金堂读过四年小学且逃难陕西

---

① 李凖：《我想告诉读者一点什么——代后记》，见《黄河东流去》，百花洲文艺出版社，1998，第787页。

② 冯芳梅口述、李郁执笔：《从翻身农民成长起来的知名作家——回忆我的叔叔冯金堂》，见毛德富主编《百年记忆——河南文史资料大系：文化卷》（卷2），中州古籍出版社，2014，第722页。

时在黄龙山开荒种地的经历契合。李準熟悉冯金堂的逃难经历，春义这个人物形象的部分素材很可能就来自冯金堂。1959 年初，《黄水传》初稿写成，为出版该书，根据出版社意见，冯金堂到北京改稿，恰巧与李準住在一起。"李準在写稿改稿之余，第一个读了《黄水传》，不论是对内容还是表现手法都极为欣赏，同时也提出了他个人的修改意见。叔叔在李準的帮助下，将稿子润色后交给编辑部。"①依据冯芳梅口述，李準与冯金堂两个作家在生活与写作上，围绕黄河，有过不少交流和交往。这样的交流发生在一个农民作家和一个有成就的职业作家之间，是很有意思的事情。

虽然生活上有深厚积淀，并且已有《黄水传》在前，无论经验还是教训，都可资借鉴，但李準的黄河书写却并非一帆风顺。1977 年，李準的电影文学剧本《大河奔流》（上、下集）出版。剧本上集讲述 1938 年黄河大决口后赤杨岗农民的流亡生活，集中塑造了农村妇女李麦的形象。下集讲述县妇联主任李麦，为治理黄河，主动申请回基层工作，带领农民搞黄河淤灌，把黄泛区变成千里良田。《大河奔流》被搬上荧幕后产生很大影响，获得广泛好评。但是，《大河奔流》并没有实现对《黄水传》的超越。与《黄水传》一样，《大河奔流》通过新旧黄河的对比来歌颂新中国，有浓厚的政治化色彩；人物形象塑造存在较大问题，主要人物李麦作为农村妇女形象被塑造得过于高大，有点虚假做作。在自我反思中李準对作品进行大规模修改，于 1979 年 6 月完成《黄河东流去》上卷，下卷一直拖到 1984 年春才完成。两卷写作时间间隔竟然达五年之久，这么长的时段既显示作家对创作的执着，也凸显了创作的艰辛和困难。

当然，任何汗水和付出皆有回报。比起《大河奔流》，《黄河东流去》在思想内涵、人物形象塑造上有明显质的飞跃。执着的李準终于通过书写黄河完成了对自我的寻找和超越。与《大河奔流》侧重表现李麦一家命运不同，《黄河东流去》重点表现了李麦、海长松、海老清、海春义、徐秋斋、蓝五、王跑等七户农民的生活，塑造了众多典型、生动、具有很高艺

---

① 冯芳梅口述、李郁执笔：《从翻身农民成长起来的知名作家——回忆我的叔叔冯金堂》，见毛德富主编《百年记忆——河南文史资料大系：文化卷》（卷 2），中州古籍出版社，2014，第 723 页。

术概括力的人物形象，许多次要人物，甚至一些偶尔出现的人物形象，也能给人留下深刻印象，显示了作者非凡的艺术功力。众多形象中，李麦的形象最为生动，最有艺术感染力。《黄河东流去》出版后，以其出色的艺术成就和巨大影响力获得第二届茅盾文学奖（排名第一位），由此奠定李準在当代文学史上的地位。可以说，黄河水不但养育了李準，还给了他艺术的第二次生命。没有黄河，就没有《大河奔流》，更不会有《黄河东流去》；没有黄河，就没有李準对自我艺术的反思与突破，李準最好的小说也许就永远定格在《李双双小传》《不能走那条路》上。

作为一个黄河人，李準对黄河与河南作家、黄河与河南人性格之间的关系有着深入持久的思考和自己的独特看法。针对河南虽贫穷落后却涌现了大批作家这种现象，李準的解释是："我看，这同黄河大有关系。……黄河带来无数苦难，但却给了河南人乐观与大气。""是黄河给了我们热烈的性格。""茅盾文学奖，一次有三名河南人，为什么？这还得感谢黄河。"①茅盾文学奖一次授予三位河南人，是否与黄河有关，暂且不讲，李準之所以能获得茅盾文学奖，则确实与黄河有关。

《黄河东流去》第一章就以"黄河"开篇，黄河隐喻中原人生生不息的生命活力和厚重执着、坚韧不屈的文化性格。不过，小说整体上还是侧重于表现黄泛区人民的苦难生活，主要聚焦于人与土地的关系，黄河还只是作为一个背景，没有进入文本的结构中心。而在后起的年轻作家魏世祥笔下，黄河才真正成为一个有生命有性格的表现对象。黄河不但被写出了"形"，还被写出了"神"。

魏世祥与《水上吉卜赛》

魏世祥1945年出生于开封。黄河在开封段，已成为高高悬于空中的悬河。所以，开封人一出生头上就顶着一条河，就与黄河结了缘，成为不折不扣的黄河人。魏世祥在文学创作的开始，并没有直奔黄河而去。刚从事文学创作的一年多时间，魏世祥的写作对象显得有点凌乱，一会儿写历史，

---

① 孙荪：《怀念李準》，《牡丹》2000年第3期。

一会儿写知识分子，一会儿写自己，但就是没有写身边的黄河。偶然一次黄河滩小住，他在一位年轻回乡知青带领下走村串户，看黄河，别样的黄河给予他人生初次的震惊体验，由此萌发了写黄河的冲动，开始了他第一篇黄河小说《女人塘》的写作。有了这次经历，当上级号召作家挂职下放体验生活时，魏世祥毫不犹豫选择了黄河中下游第一险——兰考县东坝头渡口。在这个地段的黄河凹湾里，生活着一帮从淮河上过来、以打鱼猎雁为生的流浪船民。这群"化外游民"在常人难以想象的苦寒中所过的自在日子，给作家又一次更为巨大的震惊体验。这是他与黄河第二次结缘。第二次的黄河结缘给作家认识世界和思考生命打开另一扇窗，他感觉"终于在这汹涌的大河上找到了自己，在这群黄河的精灵身上找到了自己"①。他终于从黄河中找到自我，从黄河上生活的"水上吉卜赛人"那里找到自己要写和该写的对象。这样的感悟和激情驱使作家一气呵成，完成了长篇小说《水上吉卜赛》（中国青年出版社1989年出版）。

《水上吉卜赛》是一部系列小说，由《火船》《红帆船》《喜船·鬼船》《白船队》构成。四篇小说各自有一定独立性，在情节和人物上又有连续性和一致性，合起来是一部结构完整的长篇小说。在以上三部黄河小说中，把黄河写得最为精彩传神的莫过于《水上吉卜赛》。《黄水传》与《黄河东流去》更侧重于人与土地的关系，而非人与河的关系，所以，都没有对黄河展开具体的形态描写。《水上吉卜赛》则紧紧抓住中原黄河"滩多水缓"的特点，展开多角度、多方位描写，称得上是一幅多姿多彩的黄河长卷图。为突出中原黄河"滩多"，小说写了各种滩，有岗滩、老滩、嫩滩、硬滩、暗滩、雁滩、河心滩、边滩，这显然出自对黄河滩的精心观察。写黄河本身也写得绰约多姿、气象万千、回肠荡气。写了不同背景下的黄河，有晴空下的黄河、夜幕下的黄河、黄风漫卷下的黄河。而夜黄河又分月光黄河与黑夜黄河。写了不同季节的黄河，有立春黄河、伏秋大汛后黄河、入夏黄河、冬季黄河。写了同一段黄河"水"之不同：有溜滩子急水，有平缓的涟子水，有滚锅一般的黄河主流。写了黄河的瞬息万变：刚刚平坦、稳

---

① 魏世祥：《我和黄河（后记）》，见《水上吉卜赛》，中国青年出版社，1989，第261页。

实得像柏油马路，马上浊浪滚滚、天地变色。小说还写了黄河上的奇观，有脑袋像人头、身子像座山雕的人头雕，有黑山般陡立、两三丈高的巨怪黄河夜叉。小说写的最精彩的是黄河民俗：猎雁前那一套神秘、虔诚、庄严的仪式，充满禁忌的水上婚礼等。《水上吉卜赛》对黄河形态能有如此出色传神的描绘，源自作家观察生活的视角和独特的艺术追求。他从黄河与人的关系角度来体会生命的自由境界，用黄河来象征人物的生命状态。写黄河之形，说到底是为了传人物之神，黄河写活了，小说人物也便写活了。就像雷达所说："作者善于贴着人物写黄河，贴着黄河写人物，人是河的对象化，河是人的对象化。这也许是它艺术魅力的最大来源。"①

　　人物是小说的核心元素，黄河小说也不例外。三部黄河小说都塑造了各种各样的人物形象，但其艺术追求却各不相同，由此带来小说中黄河意象的象征含义也截然不同。《黄水传》侧重从阶级性角度塑造人，黄河成为一条"阶级之河"。《黄河东流去》侧重从文化与人性角度塑造人，黄河成为一条"文化之河""道德之河"。《水上吉卜赛》则侧重从生命哲学角度塑造人，黄河成为一条"生命之河""野性之河"。小说写黄河，是为了塑造像罗二别子、三三这样的"黄河精灵"；而塑造罗二别子、三三也同样是为了写黄河魂，写出黄河的气韵、灵性和魂魄。那么，黄河的气韵、灵性和魂魄到底是什么？黄河的气韵、灵性和魂魄最本质的方面就是对自由、诗意、本真、野性的生命追求。黄河在象征的层面上，是一条自由、野性、诗性、放纵而又洒脱的河流。这一点从罗二别子等人对黄河的固守可以看出来。对他们来说，黄河不只是一条河，而且代表自由、诗意、野性、纯真的精神境界，因此，他们执着于黄河的水上生活，自我放逐于社会，在形而上层面上，可理解为对自由、本真、野性、诗性的固守。对于他们来说，对"自在"的追求几乎成为一种宗教信仰，而"自在"其实就可以看作自由、本真、野性、诗性的同义语。悲剧也正在这里。他们自我放逐于社会，去追求诗意、本真、野性、自由，这注定是一个艰难、逆行、难以实现的美丽梦境。而且，即使他们像三三一样，融入社会，为社会所吸纳，"自在"就

---

①　雷达：《痛苦而欣慰的告别（代序）》，见魏世祥《水上吉卜赛》，中国青年出版社，1989，第16页。

一定能找到吗？正是考虑到这一点，罗二别子对"自在"的追求，对黄河的固守，才更加令人感到可贵。他那"人就满世界找不到这自在吗？"的一声唱叹，就格外地动人心弦、摄人心魂，具有复杂深刻的哲学意味。

泰山书写的三种方式

——现代作家与泰山

中国名山，泰山名气最大，作家登泰山、写泰山的也最多。这给雄伟的泰山增加了另一道人文风景。同时，泰山本身又成为一面镜子，风格迥异的泰山书写，折射出不同作家独特的人格气质。笔者在阅读大量的泰山散文后，发现存在至少三种不同的泰山书写：一种侧重于描绘泰山风景，一种既写泰山风景又写泰山人的人生事象，一种则纯粹写泰山的人生事象。第一种方式作家采用最多，大部分泰山书写皆着眼于泰山雄伟秀丽的风景，属于典型的"风景书写"，而在泰山的风景书写中，写泰山日出最多。第二种泰山书写则是第一种泰山书写的添加与变异，既写泰山风物之美，又注意到泰山风景之外的"人事"，关注到泰山人的生活。第三种方式则较为另类，作家的泰山书写，撇开了本应描绘的"风景"，而直指泰山的"人事"，即泰山人的生活世界与精神世界。相对于泰山的风景书写来说，这种直接指向"人事"的泰山书写，无疑大大丰富了"风景"的含义，使静态的风景成为动态的，使超脱的风景成为现实的，使外在的风景成为与人息息相关的。为了更具体说明泰山书写的不同方式，本文选择三位作家进行分析。这三位作家分别是徐志摩、李广田和吴组缃。探讨这三位作家不同的泰山书写方式，不但可以研究泰山在不同作家笔下的变相，而且可以研究散文文体风景书写与人生叙事之间的关系，研究散文的不同叙事方式和艺术风格。

徐志摩与泰山

徐志摩生在浙江海宁硖石镇，此地风景秀美，镇的东西有两座山，一为东山，一为西山。明山秀水给了诗人人生最初美的教育，但徐志摩认为："我们爱寻常上原，不如我们爱高山大水，爱市河庸沼，不如流涧大瀑，爱白日广天，不如朝彩晚霞，爱细雨微风，不如疾雷迅雨。"① 因此，他爱自然，但他更爱自然界的名山大川，家乡的山与水不在名山大川之列，所以故乡山水虽给了他最初美的教育，但却并没有得到尽情表现。关于故乡山水，他表现于诗的只有一首《东山小曲》，表现于文章的只有给朋友王统照的信《山中来函》。他爱自然，也爱山居，曾说"山居是福"。但他说"山居是福"时，这里的"山"指的是天目山，也属名山之列。② 徐志摩爱自然，国外的名山不说，国内的名山如庐山、天目山，他都去过。不过，与他关系最深的名山当数泰山。因为诗人不但到泰山游玩过，留下了诗歌《泰山》与散文《泰山日出》，而且，诗人最后的魂归之地就在泰山附近。

散文《泰山日出》为徐志摩游历泰山之后所写。文章写于1923年7月，发表于《小说月报》第14卷第9期（1923年9月10日）。文前小序称"这一时游济南游泰山游孔陵，太乐了"一句，结合文章写作时间"1923年7月"，可推断诗人登泰山时间大概为1923年6月、7月间。

徐志摩写泰山，属于典型的风景书写，主要写泰山日出的一刹那，用的是一贯夸饰的浓墨重彩写法："玫瑰汁，葡萄浆，紫荆液，玛瑙精，霜枫叶——大量的染工，在层累的云底工作；无数蜿蜒的鱼龙，爬进了苍白色的云堆。"③ 徐志摩写泰山，为什么要抓住"日出"来写？又为什么采用大泼墨，把泰山日出渲染得那么壮观、华美呢？这还要归于他自己的自然观、生命观。诗人爱自然的名山大川，且认为我们"爱白日广天，不如朝

---

① 徐志摩：《雨后虹》，见韩石山编《徐志摩全集》第1卷，天津人民出版社，2005，第160页。
② 徐志摩：《天目山中笔记》，见韩石山编《徐志摩全集》第3卷，天津人民出版社，2005，第132页。
③ 徐志摩：《泰山日出》，见韩石山编《徐志摩全集》第1卷，天津人民出版社，2005，第312页。

彩晚霞",所以,他写泰山,要抓住泰山的日出来写。泰山日出既是自然的奇观,又是生命的奇观,他表面写泰山日出,背后写的其实是生命的狂欢。汪曾祺评价徐志摩写泰山日出,用了那么多华丽鲜明的颜色,可谓"浓得化不开","但我有点怀疑,这是写泰山日出,还是写徐志摩自己?我想周作人就不会这么写。周作人大概根本不会去写日出"。① 的确,徐志摩写泰山日出,其选题、角度与写法都与他浪漫主义的自然观、生命观有关。但汪曾祺认为徐志摩通过写泰山日出而写自己,则只说对了一半。要了解这一点,还要知道徐志摩写此文的特殊背景。

印度诗人泰戈尔1924年4月访华。为欢迎泰戈尔访华,郑振铎主编的《小说月报》1923年9月、10月连续出版了上、下两期"泰戈尔专辑"(《小说月报》第14卷第9号、第10号)。"泰戈尔专辑"的打头栏目为"欢迎泰戈尔来华","泰戈尔专辑"(上)栏目发表了3篇文章,除主编郑振铎《欢迎太戈尔》一文外,其他两篇文章皆为徐志摩所作,一篇为《泰山日出》,一篇为《太戈尔来华》。这里就产生了一个问题:看似与欢迎泰戈尔的主题毫无关系的《泰山日出》怎么会出现在欢迎泰戈尔来华的专栏内呢?作为编辑的郑振铎和该文作者徐志摩并没有搞错。徐志摩写《泰山日出》,其目的就是为了把该文献给他崇敬的印度诗圣泰戈尔。该文结尾一段说得很明白:"这是我此时回忆泰山日出时的幻想,亦是我相望太戈尔来华的颂词。"可见,《泰山日出》是徐志摩献给泰戈尔的一篇颂词。因而,也只有作为颂词来读,才能读出该文的微言大义,读出压在纸面背后的意思。如该文的关键一段:

> 我躯体无限的长大,脚下的山峦比例我的身量,只是一块拳石;这巨人披着散发,长发在风里像一面墨色的大旗,飒飒的在飘荡。这巨人竖立在大地的顶尖上,仰面向着东方,平拓着一双长臂,在盼望,在迎接,在催促,在默默的叫唤;在崇拜,在祈祷,在流泪——在流久慕未见而将见悲喜交互的热泪……

---

① 汪曾祺:《泰山片石》,见邓九平编《汪曾祺全集》第5卷,北京师范大学出版社,1998,第193页。

徐志摩把自己想象为远远高过泰山的巨人，面向东方，盼望，迎接，崇拜，祈祷。盼望什么，又祈祷什么呢？当然是盼望和祈祷"太阳"从东方升起。这"太阳"既指真实的太阳又指泰戈尔。徐志摩把泰戈尔比作太阳，以盼望日出的急切心情盼望泰戈尔来华，给中国带来光明。所以，《泰山日出》包含显与隐两层含义，表面写泰山日出，隐含的则是盼望、期待泰戈尔像一轮太阳一样从东方升起，早早照射到中国，给中国带来文化之光。

汪曾祺认为："写风景，是和个人气质有关的。"[①] 的确如此。徐志摩写泰山，那种夸饰、华丽的浪漫主义写法，非常真切地显示了徐志摩的诗性人格。不过，若要真正理解徐志摩《泰山日出》中的"风景"，单单采用新批评的封闭式阅读是远远不够的。对于《泰山日出》的风景书写来说，这种封闭阅读不但进入不了文本内部，且很容易带来文本误读。只有结合《泰山日出》最初刊发的刊物与栏目，熟悉了该文在原始刊发环境中与前后文之间的互文关系，彻底了解泰戈尔访华的历史语境，才能真正理解该文，理解该文风景书写的深层含义。

笔者把徐志摩《泰山日出》作为泰山风景书写的代表，并不代表这篇文章在泰山的风景书写中是最好的。从艺术层面上讲，《泰山日出》的语言存在过多夸饰、做作成分，艺术质量并非上乘，汪曾祺在《泰山片石》一文中就对徐志摩此文提出过委婉含蓄的批评。在语言外，徐志摩此文还存在诸多可议之处。还是回到"风景书写"来说。写泰山，写其他名山，以及写大自然的万千气象，必然脱离不开风景书写，包括小说家的小说叙事，同样离不开风景书写。不过，风景书写也要讲究艺术的节制，控制不好，很容易由激情滑入滥情，由真诚变为做作。《泰山日出》就存在这种倾向。另外还有一点值得提及，就是徐志摩为了表达自己对诗圣的崇拜敬仰之情，竟然把泰戈尔比作东方升起的一轮红太阳。把人比作太阳，在20世纪文学史上，此文可能是首开其端吧。

---

① 汪曾祺：《泰山片石》，见邓九平编《汪曾祺全集》第5卷，北京师范大学出版社，1998，第193页。

李广田与泰山

与徐志摩相比，李广田与泰山的关系要更密切一些。这是因为李广田出生于山东邹平，和泰山本是老乡关系。李广田1935年从北京大学毕业后，回济南任山东省立第一中学国文教员。妻子王兰馨在泰山脚下的一所中学教书。为了看望妻子，李广田常到泰安，假期就住在泰山脚下，无事就与妻子一起登泰山。因此，李广田不仅是泰山游客，还是泰山住客，与泰山有更长期、更亲密的接触。检视他1935年、1936年创作的散文，会发现不少散文文后皆标注有"泰山"字样，如《成年》文后署"一九三六年八月五日，泰山二虎庙"，《扇子崖》文后署"一九三六年八月十五日，泰山中天门"，《影子》文后有"一九三六年夏，泰安"，《雾》文后署"一九三六年十月九日忆山居作"，这里所谓的"山"指的就是泰山。由于李广田有过泰山山居经历，他1936年暑假山居时期写就的散文《扇子崖》与1936年11月在济南写就的《山之子》，都是以泰山为主题的。另一些散文如《影子》《雾》虽没有直接写泰山，但都与泰山有关。

李广田写泰山的散文以《扇子崖》和《山之子》为代表，这两篇散文代表了泰山书写的另一种方式：风景书写加人事书写。《扇子崖》以风景书写为主，但也掺杂了人事书写；《山之子》则以人事书写为主，同时辅之以风景书写。两篇文章都写泰山，但由于风景书写与人事书写所占比例与搭配方式不同，写法就有较大差异。《扇子崖》纯用游记写法，文章以"八月十二日早八时，由中天门出发，游扇子崖"开头，以"将近走到中天门时，已是傍晚时分"结束，所叙为一完整的行程。这样一个完整的行程中，作者虽也详尽叙述一路之所见，但所写重点当然是扇子崖，这样才能与题目照应。《山之子》则以"住在'中天门'的'泰山旅馆'"始，以离开旅馆下山终，突出了在泰山的居住和离开，已完全不是游记写法。该文写山居，开始重点写泰山的山路之险，属于典型的风景书写，但描写重点已暗暗发生变化，由写"看山"到写"看人"，写起山中居民与上山的香客来，就如文中所写，"我们则乐得看这些乡下人朴实的面孔，听他们以土音说乡下事情，讲山中故事"。也就是说，由"看山"转到"看人"，由风景书写过渡为人事书写。比起风景描写部分，该文人事书写所占比重很大，且人事书写部分写法多样，显得摇曳多姿。人事书写部分，先写香客，再写山居中认识的两位小朋友，再由"我"与两位小朋友有趣的问答过渡到哑巴以及哑巴父亲和哑巴哥哥的悲壮故事，照应到题目"山之子"。

写泰山，"看山""观景"为题中应有之义，大部分泰山游记都是这样写的，李健吾的《雨中登泰山》、徐志摩的《泰山日出》皆如此。但李广田的《扇子崖》与《山之子》则一改这种写法。《扇子崖》为纯粹游记写法，但作者之所写已经与一般游记不同，因为作者在写泰山风景的同时，已经关注到泰山风景背后的"人"之存在，如文章先写泰山山坡上几处白色茅屋的清幽可喜，但笔锋一转，转到茅屋的主人乃是"白种妇女，天之骄子"，继之又写了身份为地道农民的香客对于这些茅屋的窥伺与羡慕，以及一个男子听白人妇女讲解《圣经》的可笑神态；在写了黑龙潭的奇险后，又写了行走在盘道上香客所讲的扇子崖故事，比较了泰山东路与西路乞丐的不同；在描绘月亮洞的阴森景致后，又突出描写了一位只有一只眼的香客，简直像鬼趣图中角色，瞪眼看人时，让你害怕。总之，《扇子崖》虽纯为游记写法，但作者已突破了游记写法的窠臼，既写"山景"，又写"人事"，既抓住了泰山独有的自然美，又突出了泰山的社会属性。写《山之子》时，李广田干脆抛开游记写法，"看山"退居非常次要的地位，主要写泰山的山民，通过哑巴父子三人的悲惨故事，写出泰山人的勇敢、执着与坚韧，凸显出泰山的伟大。可以说，《山之子》虽没有把重点放在写山上，但恰恰把泰山的精髓写出了。

现代散文家中，李广田写乡土写得最好。其乡土散文的优长在于能以客观、素朴的语言，通过白描和叙事，刻画出一个个令人难忘的人物形象。他写乡土，不重在风景描绘，而重在人事观察，人物的性格与命运是他关注的重点。这是一种既朴素又高妙的写法，近于小说，而远离诗，与其朋友何其芳形成鲜明对照。由于他一贯擅长以客观的态度通过人物命运来表现乡土，所以，他的泰山书写能够突破传统游记之窠臼，由《扇子崖》到《山之子》，通过写人来写山，把人写活的同时，把泰山也写活了。

吴组缃与泰山

吴组缃为安徽泾县人,好像与泰山扯不上关系。但1935年他曾作为冯玉祥秘书和国文教员在泰山住过将近一年时间,比李广田到泰山的时间要早,所住时间也长一些。因此,他虽不是山东人,但与泰山的关系,却非同寻常。正是有泰山生活的这段经历,吴组缃才创作出散文《泰山风光》。该文结尾注明写作日期为"一九三五,八,十",这时他正在泰山。因此,文后虽注明写作时间,没标注写作地点,但地点应该就是泰山。这一点从散文内容也可得到印证。

这篇文章题为《泰山风光》,但所写不是风景,而是对泰山风景之拆解。这篇散文在背离风景书写上比李广田走得更远。李广田的《扇子崖》《山之子》在写人事之外,也写风景,作者对风景的态度还是完全肯定的。而吴组缃这篇文章,名为《泰山风光》,很容易让人想起文章内容为歌颂泰山风光,属于纯粹"风景书写"。但恰相反,作者完全避开"风光"来写。文章只是采用"我"的视角,通过冷眼旁观,以社会剖析方法,运用人物对话,客观呈现泰山朝山香客、逛山游客、寺庙道士、真假乞丐各个阶层人的生活,这种生活是阴暗、凄惨的,带有喜剧性的,可谓是"风光"的反面。文中也写泰山街道与寺庙,但这样的街道是灰色、杂乱、拥挤的,也不能称之为"风光"。文中有一处倒是写了"风光":

> 我静静地听着,一面把眼睛眺望前面。这院落,前面说过,是在几重高阶台的上面,正殿屋脊,都低低俯伏在阶台之下。屋脊上,展开的是半个泰安城,闾阎扑地,万家在望。东南西三面都是一望无涯的漠漠平畴,东一堆西一块地缀着些七零八落的村庄。这时夕阳映照,淡青的原野抹上一层浅黄,各处村落缭绕着淡淡的炊烟。对面徂徕山泛了淡蓝颜色,弄得变成瑞士风景照片的派头。汶河弯弯曲曲,从那一头绕过山后,又从这一头钻了出来。再远处,是漠漠平原;更远处,还是漠漠平原。渐渐入了缥缈虚无之间,似乎仍是平原。忽然前面几块晶莹夺目的橙黄色东西,山也似的矗立着,旁边衬护着几抹紫红颜色,分外鲜艳美丽。定睛细看,才知道那是云霞,已经不复是地面的

东西了。

"你们这地方真不坏,"我打断他们的话说,"杜甫的《望岳》诗,'岱宗复如何,齐鲁青未了',不想这样壮阔的境界,如今就在你们几席之上。真是几生修来的清福!"

我这样酸溜溜地说着,站起来点上一支烟。①

细读这一段风景描写,可发现它的写法与通常散文的风景书写是完全不同的。一般散文的风景书写表达的是对风景的赞美与肯定,但这段风景书写表达的恰恰是对"风景"的否定、讽刺与拆解,是典型的反讽语调。这样的反讽语调与反讽结构贯穿文章始终。文章中除作者"我"之外,几乎每个人以及泰山大庙内所供奉的泰山祖奶奶碧霞元君都是作者的讽刺对象。

吴组缃属于左翼青年作家的后起之秀,他的小说《一千八百担》,艺术技巧的娴熟程度和社会剖析所达到的思想深度,一点不逊色于左翼小说大家茅盾,甚至有超越之处。作为一个优秀的左翼小说家,吴组缃对泰山的观察和呈现,在视角、内容、方法与风格上,必然既不同于徐志摩,也不同于李广田。徐志摩对于泰山那种诗性、浪漫、夸饰的呈现方式,无疑是吴组缃所反对,也是他看不上眼的;而李广田对于泰山"山之子"的呈现,固然生动,令人印象深刻,但单单讲述一个人或几个人的故事,在吴组缃看来同样远远不够。吴组缃所要做的,是把泰山作为一个微型社会,对之进行冷静的解剖,把它的方方面面,各个阶层的生活,都以文学的方式生动、立体地呈现出来。左翼作家的社会观和艺术观,以及整体呈现"泰山社会"的艺术企图,都决定了吴组缃的泰山书写不可能是传统的"风景书写",而只能是"反风景书写"。

---

① 吴组缃:《泰山风光》,《文学》1935年10月第5卷第4号。

瑞恰慈与中国现代诗歌理论批评

瑞恰慈（I.A.Richards）是英国著名文学评论家、语言学家、诗人，20世纪20年代初开始从事文学理论研究和批评工作，其理论观点对西方文学理论与批评有着较大影响。瑞恰慈较早尝试把现代科学的一些成果如行为主义心理学应用于文学研究，以使文学理论更加"科学化"和规范化，其早期著作《文学批评原理》（1924）和《科学与诗》（1925）就是这种努力的成绩。《实用批评》（1929）和《如何阅读一页书》（1942）则通过具体的事例，来说明其分析批评方法的运用，成为新批评派的先导。他的另一关注点是现代语义学在文学批评中的应用。瑞恰慈与中国的关系颇为密切，他曾六次来到中国，20世纪20年代末到30年代初还任教于清华大学与北京大学，所以，其文学活动对中国现代文学理论与批评也有很深影响。然而，瑞恰慈与中国现代文学特别是现代诗歌理论批评的关系问题，迄今为止，并没得到学者的重视。因而，本文试图对其批评学说在中国现代的传播及其对中国现代诗歌理论批评的影响与意义作一初步探讨，以期引起大家对此问题的关注。

一

瑞恰慈最先被翻译到中国的著作是《科学与诗》，伊人翻译，北平华严书店1929年出版。1937年，《科学与诗》又作为"文学研究会丛书"由商务印书馆出版，译者为诗人曹葆华。叶公超在该译本的序文里，对瑞恰慈进行了详细介绍："瑞恰慈在当下批评里的重要多半在他能看到许多细微问题，而不在他对于这些问题所提出的解决方法。"他把瑞恰慈与柯勒律治进行了对比,认为瑞恰慈的批评著作"无处不反映着现代智识的演进"①。叶公超鼓励曹葆华继续翻译、介绍瑞恰慈的理论,因为他认为当时中国最为缺乏的就是瑞恰慈这种"分析文学作品的理论"。在并不算长的时间内,瑞恰慈的早期重要专著《科学与诗》两次被翻译出版,说明了中国的文学批评界对他的重视。作为"文学研究会丛书"同时出版的另一论文集《现代诗论》,同样由曹葆华翻译编辑,内收瑞恰慈3篇诗论文章:《诗的经验》《诗中的四种意义》《实用批评》。在此书序言中,曹葆华对瑞恰慈(I.A.Richards)作了相当高的评价:"瑞恰慈是被称为'科学的批评家'的。且不管这些,因为名与实往往是不相干的。现在一般都承认他是一个能够影响将来——或者说,最近的将来——的批评家。……他的企图是在批评史上划一个时代——在他以前的批评恐怕只能算是一个时期。关于他的重要,虽时常不能合他同意的爱略式(T.S.Eliot)也承认的。"②

李安宅的《意义学》1934年由商务印书馆出版。自序中李安宅坦言:"这本东西,直接间接,都是吕嘉慈教授(即瑞恰慈)底惠与。"可见,李氏此书的写作完全建立在瑞恰慈语义学理论的基础之上,因此,可以把李氏此书看作是对瑞恰慈意义学理论的普及与介绍。此书有瑞恰慈、冯友兰作的序。冯友兰序中认为瑞恰慈的语义学理论侧重对概念意义的分析,对中国理论界加深理论问题的探究有非常重要的意义,因为概念意义的分析可以首先使我们清楚自己的研究对象到底是什么,就如瑞恰慈在该书序中所说:意义学的目的在于"使我们更清楚我们所说的是什么"。瑞恰慈的意义学理论是西方哲学由形而上学向语言分析哲学转向的产物,语言分析哲学对文学理论与批评产生了非常大的影响,李安宅的《意义学》及时地把这种概念意义分析的理论介绍给中国,在哲学以外,必将对中国的文学理论批评界产生巨大冲击力。《意义学》于1934年3月出版,1935年5月朱自清就在意义学理论影响下写了《诗多义举例》一文,可见其影响速度之快。若不是抗战爆发,意义学理论对中国的文学理论批评界产生的影响

---

① 叶公超:曹葆华译《〈科学与诗〉序》,见叶公超:《新月怀旧——叶公超文艺杂谈》,学林出版社,1997,第130页。
② 曹葆华:《〈现代诗论〉序》,见曹葆华译:《现代诗论》,商务印书馆,1937,第1-2页。

会更大。除《意义学》一书外，李安宅在 1934 年还出版有《美学》一书，此书的理论也是从瑞恰慈的《文学批评原理》和《美学原理》（合著）来的。

《科学与诗》外，瑞恰慈的另一重要专著《文学批评原理》，同样受到中国学者高度关注。1936 年吴世昌曾撰《吕恰兹的批评学说述评》，刊载于 1936 年 4 月号的《中山文化教育馆季刊》。该文分价值论、文学批评的心理学基础、读诗的心理分析、艺术传达四部分，对《文学批评原理》一书的基本观点作了较全面的介绍。在文后"附记"里，吴世昌对瑞恰慈其人及其学术观点作了详细介绍："吕恰慈（I.A.Richards）是当代英国一位以心理学作基础的文学批评理论家。这名字近来似乎不大有人提起，但五年以前他在清华和北大讲学的时候却曾盛传过一时。不过他的批评学说还没有好好地介绍过来，尤其是关于批评原理这一部分。"①

朱光潜在介绍瑞恰慈方面也作过一定贡献。其《近代美学与文学批评》一文介绍瑞恰慈："英国心理学派批评家理查兹（I.A.Richards）说过：'批评学说所依靠的台柱有两个，一个是价值的讨论，一个是传达的讨论。'"②《美学的最低限度的必读书籍》提到瑞恰慈的《文学批评原理》和《美学原理》（合著），并指出李安宅的《美学》"大半根据这两部书"③。《文艺心理学》也提到瑞恰慈："理查兹的学说一方面应用弗洛伊德派心理学，一方面也反映近代的人生观。"④"理查兹在《文学批评原理》里对于这种'为诗而诗'的议论曾加辩驳，我们大致同意。"⑤朱光潜在自己一系列的美学著作和批评文章中多次介绍瑞恰慈的学说，说明中国当时的文学理论界对瑞恰慈的理论已非常熟悉。

---

① 吴世昌：《吕恰兹的批评学说述评》，《中山文化教育馆季刊》1936 年 4 月号。
② 朱光潜：《近代美学与文学批评》，见《朱光潜全集》第 3 卷，安徽教育出版社，1987，第 422-423 页。
③ 朱光潜：《美学的最低限度的必读书籍》，见《朱光潜全集》第 8 卷，安徽教育出版社，1987，第 402 页。
④ 朱光潜：《文艺心理学》，见《朱光潜全集》第 1 卷，安徽教育出版社，1987，第 308 页。
⑤ 同上，第 322 页。

二

瑞恰慈批评学说的翻译、介绍集中于20世纪30年代，很快，他的观点就被中国的一些批评家自觉接受和运用，从介绍、翻译到消化、吸收，影响逐步加深。

瑞恰慈的批评学说对中国现代文学的影响最为集中地体现在现代诗歌理论批评上，首先表现在现代主义诗歌理论批评上，这里以中国新诗派的代表诗人袁可嘉为例。袁可嘉以"新诗现代化"为标题的一组文章，提出了新诗的"综合化"理论，其理论依据即是瑞恰慈关于艺术能满足最大冲动的理论。"人生价值的高低即决定于调和冲动的能力，那么能调和最大量、最优秀的冲动的心神状态必是人生最可贵的境界了。这就是他们所谓'最大量的意识状态'，而他们认为艺术或诗的创造都具有这种功能。"① 只有综合化的现代诗才能提供"最大量的意识状态"，以前的浪漫派或现实主义诗歌，都是单纯、单调的，不能满足综合的冲动，不能提供"最大量的意识状态"，因此不是最好的诗。从瑞恰慈的这种理论出发，袁可嘉提出了"戏剧主义"的诗歌主张，因为只有戏剧主义的诗，才能避免浪漫派的感伤或现实派的说教倾向。袁可嘉反对诗成为政治或道德的传声筒，也是从此观点出发的。他认为艺术作品的意义与作用在于推广加深人生经验，获得最大量意识活动，而不在舍此以外的任何虚幻的（如为艺术而艺术的学说）或具体的（如以艺术为政治工具的说法）目的，因此在心理分析的科学事实下，一切来自不同方向但同样属于限制艺术活动的企图都立刻粉碎。② 袁可嘉有关诗与意义、诗与信仰关系的看法，更是明显来自瑞恰慈。瑞恰慈等新批评派的诗歌理论观点构成了袁可嘉现代诗论的理论基础，对其现代主义诗歌理论产生全面影响，他本人也承认这一点："这一套诗歌理论的某些基本观点（如诗是多种因素结合的有机组织，成败决定于整体效果；诗与主客观有机联系，不可偏执一端；诗表现手法的现代化问题）都

---

① 袁可嘉：《谈戏剧主义——四论新诗现代化》，天津《大公报·星期文艺》1948年6月8日。
② 袁可嘉：《新诗现代化——新传统的寻求》，天津《大公报·星期文艺》1947年3月30日。

受过英美新批评派和现代诗的启迪。"① 其中所说的"英美新批评派"就包括瑞恰慈在内。不过,遗憾的是,1949年以后,由于"左"的思想路线影响,瑞恰慈的批评理论受到不公正的批判。袁可嘉本人,也曾撰《"新批评派"述评》② 一文,对瑞恰慈进行违心的批判和自我忏悔。不过,这恰恰说明袁可嘉确实接受过瑞恰慈理论的影响。

其次,瑞恰慈的批评学说对中国现代诗歌理论批评的影响体现在现代解诗学理论的发生和发展上,这种影响可从朱自清身上看出。瑞恰慈在清华大学多次讲学,清华学人接触与吸收瑞恰慈学说有近水楼台的优势。在开放的学术氛围中朱自清接触到瑞恰慈的批评理论并对之怀有极大的兴趣。这一点可从他1934年给挚友叶圣陶的信得到印证:"弟现颇信瑞恰慈之说,冀从中国诗论中加以分析研究。又连带地对中国文法颇有兴味。暇当从事于此二端。"③ 从《朱自清日记》可看出,围绕瑞恰慈的批评理论,朱自清与叶公超有过多次讨论④,其日记中也保留有多次认真阅读瑞恰慈的著作的记载。在瑞恰慈的理论中,对朱自清影响最大的是语义学理论,朱自清把语义学理论运用于中国诗论和诗歌的解释,写成《诗多义举例》⑤、《论意义》⑥、《语文学常谈》⑦ 等重要文章,对初步尝试建立中国现代解诗学理论作了非常大的贡献。瑞恰慈与朱自清解诗学思想之间的关系已引起学者的重视,北京大学孙玉石先生的《朱自清现代解诗学思想的理论资源》⑧ 一文对此有详尽的阐发。

李广田的诗歌理论批评活动也接受过瑞恰慈的影响。他的《创作论》

---

① 袁可嘉:《自序》,见《半个世纪的脚印——袁可嘉诗文集》,人民文学出版社,1994,第2-3页。
② 袁可嘉:《"新批评派"述评》,《文学评论》1962年第2期。
③ 朱自清:《朱自清致叶圣陶信》,见《朱自清全集》第11卷,浙江教育出版社,1998,第96页。
④ 朱自清:《朱自清全集》第9卷,浙江教育出版社,1998,第179、256、258、261页。
⑤ 朱自清:《朱自清全集》第8卷,浙江教育出版社,1993,第206-224页。
⑥ 朱自清:《朱自清全集》第4卷,浙江教育出版社,1996,第540-543页。
⑦ 朱自清:《朱自清全集》第3卷,浙江教育出版社,1996,第171-173页。
⑧ 孙玉石:《朱自清现代解诗学思想的理论资源——四谈重建中国现代解诗学思想》,《中国现代文学研究丛刊》2005年第2期。

一书出版于1948年,在序中,他称此书写于1944年,"那时候我又正读着瑞恰慈的著作"①,如《创作论》中的《论伤感》一文,便完全吸收了瑞恰慈《实验批评》的一些观点。在该文中,李广田详细介绍了瑞恰慈反"伤感"的理论,对当时中国文坛的伤感倾向作了批评。在《诗的艺术》序中,作者写道:"我以为青年人用诗来发泄情感是很卫生的,无论在心理方面或生理方面,不过在艺术的成就上却往往是一种伤害。"②根据瑞恰慈的理论,发泄情感也是伤感的一种,从心理学的冲动上讲,是单纯的,表现于诗中也是单调乏味的,不可能有很高的艺术成就。可见,李广田对中国诗坛情感发泄不良倾向的批评,其理论依据就来自瑞恰慈。另外,《论新诗的内容与形式》对形式的精辟见解,《诗的艺术》对卞之琳《十年诗草》的细读式批评,也与李广田接受瑞恰慈的语义学理论不无关系。

《吕恰兹的批评学说述评》一文说明吴世昌在介绍瑞恰慈的诗歌理论之余,还把它直接应用到自己的诗歌研究当中。《诗与语音》一文③,集中透彻地分析了诗的声音与读者接受、感动之间的关系,其中对读者读诗时所必须经历的心理过程及种种现象的研究,理论依据即来自瑞恰慈诗歌阅读的心理分析理论。如果说瑞恰慈对上述几位的影响主要表现在诗歌理论批评方面,那么,瑞恰慈对朱光潜的影响主要表现在一般的文学理论或者说美学理论上。在《文艺心理学》《近代美学与文学批评》《"创造的批评"》等论著或论文中,朱光潜对西方影响甚大的以克罗齐为代表的表现论美学观进行了详细介绍,并对克罗齐忽视价值问题和传达问题的缺陷提出了批评,其批评的理论来源是瑞恰慈有关价值与传达的理论。更为重要的是,对于瑞恰慈的理论,朱光潜并非一味接受,而是能站在科学的客观立场,提出自己的批评意见,对瑞恰慈"艺术须满足最大量冲动"学说提出自己的质疑和商榷④。这种质疑与批评,标志着对瑞恰慈理论的接受,开始由单向度输入向双向交流和对话发展。

---

① 李广田:《〈创作论〉序》,见《李广田全集》第4卷,云南人民出版社,2010,第114页。
② 李广田:《〈诗的艺术〉序》,见《李广田全集》第4卷,云南人民出版社,2010,第207页。
③ 吴世昌:《诗与语音》,1933年10月《文学季刊》创刊号。
④ 朱光潜:《悲剧心理学》,《朱光潜全集》第2卷,安徽教育出版社,1987,第407-409页。

三

瑞恰慈的批评学说在中国的传播虽然不很广泛，但其影响很深刻，具有非常重要的意义。这从下面几点可以看出：首先，瑞恰慈直接影响了中国新诗派的诗歌理论。20世纪三四十年代，中国新诗派的崛起，标志着现代主义诗歌的进一步成熟。现代主义诗歌呼唤着现代主义的诗歌批评与理论，因而，袁可嘉那一组以"新诗现代化"为标题的诗歌理论文章的出现就不足为奇了。瑞恰慈的批评学说正好为袁可嘉的这些文章提供了理论基础和观点。

其次，瑞恰慈理论中影响较大的是他以语义学为基础的关于文字分析的见解，这些理论对中国现代文学批评本身的发展很有裨益。因为，批评，特别是诗歌批评，必须首先建立在对诗歌（特别是现代派诗歌）字义细读分析的基础上。以朱自清为代表的中国现代解诗学理论，正是在瑞恰慈的影响下产生的。

最后，瑞恰慈对中国现代美学和文学理论产生了很大影响。瑞恰慈对艺术所具有的价值意义和艺术传达问题的重视，对中国现代文学理论界有效摆脱克罗齐表现论美学观的不良影响，起了很好作用。

"戏"说

——张新科小说"戏"元素试析

  张新科小说"有戏"。这里所谓"戏",其含义是多层面、多角度的,不但包含浅层的"戏曲"及与"戏曲"接近的"电影""大鼓书""喷空"等艺术形式或民间娱乐形式,还包含较为深层的比较隐蔽的"戏"元素,如"谍战"。他的一系列小说,如短篇小说《天长夜短》《偃旗息鼓》《大喷》《大庙》,长篇小说《鲽鱼计划》《树上的王国》《远东来信》,英雄传奇三部曲《苍茫大地》《鏖战》《渡江》,在小说题材、情节结构、人物塑造与语言运用上,都充分利用了"戏"元素,读起来引人入胜,戏味十足。中国有句古话:"人生如戏,戏如人生。"张新科对此有极为深刻的领悟。"戏",不但是他运用起来极为得心应手的素材库,还是他观照人生、体悟人世的一个角度。他通过"戏"之盛衰来折射时代变迁、世事沧桑。他不但用"戏"来表现生活、展开情节、塑造人物。更重要的,对他来说,"戏"是艰辛、沉重、苦涩的民间大地上开出的诗意之花、希望之花,象征"诗意""理想""信仰""希望"。通过"戏",他与自己创造的人物一道,对现实展开批判与反思,同时又进行咏叹与歌颂。

一

  张新科小说的"戏"元素,表现于多个方面,多个层次。首先,他的小说,在情节、人物、语言的设置和运用上,多与传统民间戏曲直接相关。这是其小说题材"戏"元素最浅层、最明显、最直接的体现。例如,《树上的王国》《远东来信》《鲽鱼计划》三部小说,皆取材于河南传统民间戏曲

"豫西调梆子戏"。《鲽鱼计划》情节以1937年11月8日晚"春风戏院正在上演新戏《打金枝》"开始，小说主要人物都与戏有关，如德国顾问吕克特是位戏迷，日本间谍"杨老板"则利用戏班老板身份掩护从事间谍破坏活动。小说的一些关键情节也与戏曲有关，戏曲名角红樱桃是共产党员张一筱的恋人，德国兵器专家吕克特被绑架与他对河南豫剧（梆子戏）的痴迷有关，春风戏院是"杨老板"实施破坏计划的主要场地和道具等。《远东来信》也充分利用了"戏"元素。小说的主要人物潘进堂是戏班老板和演员，雷奥被王家甫冒着风险千里迢迢带回上蔡，安置在上蔡农村潘进堂家中，之后，有关雷奥的情节几乎全部围绕河南梆子戏的排练与演出展开，可谓"无戏不成书"。《树上的王国》的情节更是完全围绕"戏曲"元素展开。小说讲述20世纪六七十年代上蔡农村槐树湾大队围绕该村业余豫剧团所发生的故事，小说讲述方式也受戏曲影响，如作者开篇所说："思来想去，既然我要谝的第二件事是有关剧团的，也就是过去叫戏班子的，我就像俺们那里唱梆子戏一样，分场次一场接一场细说端详吧。"① 小说不分章，而分"场"，共十场，场前有"序幕"，场后有"尾声"。这种分场的结构方式，不单是一种外部形式，而且渗透着作者的戏曲思维、戏曲视角、戏曲美学。小说中如偷听别人谈话，以及第六场四个小孩为保护魏莹与肖成功的恋情而从房内顺次登场的出场方式，人物说话大量掺杂戏词，等等，都与河南梆子戏有关。可以说，小说从人物塑造、情节设置，到讲述方式、语言风格，无不渗透着河南梆子戏的深刻影响。

  河南民间传统戏曲之外，张新科还痴迷于河南农村特定时代的一些民间娱乐，如大鼓书、电影、喷空等。短篇小说《偃旗息鼓》塑造了令人难忘的大鼓书艺人"十里响"的形象。小说人物塑造、情节设置、语言风格皆带有极为浓郁的豫东南大鼓书韵味，苍凉、高亢、悲怆、激昂，读后令人低回不已。"十里响"原名胖瞎，他出身贫寒，经过艰辛学艺后，其说书艺术达到出神入化地步，为苦难的下层民众送去难得的精神享受。但他自己的命运却非常坎坷，其奉献的一生就如灯笼，照亮了别人，自己脚下却是黑的。小说采用大鼓书题材，由一个民间艺人辉煌而悲凉的一生，渲染

---

① 张新科：《树上的王国》，作家出版社，2015，第6页。

时代变迁，给人以深厚的历史感。小说采用的"大鼓书"题材，具极强表演性，与作者擅长的戏曲题材非常近似。两者之间，一为群体表演，一为单人表演，在作为戏曲本质的表演这一点上，是完全相通的。这篇小说人物塑造之所以成功，与作者对大鼓书这一豫东南农村特定时代所流行的曲艺形式的热爱与选择是很有关系的。① 短篇小说《大喷》写上蔡农村玉清寺两个民间奇人"响器"和"俘虏"吴铁山，两人特长是善于"喷空"，即聊天吹牛。小说通过两人互不服气、互相斗嘴，以致最后互相打赌（上蔡叫"输六个"）等典型情节的设置，把两个民间奇人的形象塑造得惟妙惟肖、栩栩如生。豫东农村民间生活中的"喷空"，虽然在表现形式上与戏曲似乎截然不同，戏曲为艺术，"喷空"只是停留于日常生活层面。但在张新科眼中，在农村物质与精神生活极度匮乏的年代，两位民间奇人的"喷空"及他们之间的互相斗法，具有极强表演性、戏剧性、传奇性，带着特定时代生活氛围中的狂欢色彩。在农民眼中，"喷空"是另一种艺术，是在"戏曲"空缺之后的有效补偿。因而，小说虽没有采用"戏曲"题材，但却让人品出浓浓戏味，这不能不令人叹服作者表现技巧的高明。这种技巧，来自他对特定时代农村生活的深入体验和对人生的独特理解。

　　善于运用戏曲题材外，张新科还热衷于谍战题材。他的战争题材小说，表面写战争，深层写谍战，此类小说的热闹之处在此，精彩之处、玄妙之处亦在此。长篇小说《鏖战》《鲽鱼计划》《苍茫大地》等，莫不如此。长篇小说《渡江》，单从题目看，似乎写中国人民解放军横渡长江的伟大事件，读后才发现，小说其实写的是正面战场之外的另一个战场：共产党领导的地下战场。另一部长篇小说《鏖战》写淮海战役，但作者写战争的视角很别致，笔墨多用于谍战上面。《苍茫大地》的小说主人公许子鹤从归国之始就开始反谍战与谍战的革命生活，可以说，许子鹤的革命生涯是围绕谍战而展开的。《鲽鱼计划》写日本人在中国从事的间谍破坏活动，小说题目中的"鲽"与"谍"谐音，间谍活动与反间谍活动构成故事的主要构架。

---

① 张新科爱听说书，写有散文《说书先生》，《偃旗息鼓》的说书艺人"十里响"就是以他熟悉的艺人"瞎子平心"为原型塑造的。《说书先生》见张新科散文小说集《清风徐来》，江苏凤凰文艺出版社，2019。

《远东来信》看似与谍战无关,但小说主人公王家甫与潘进堂,冒着风险,为救护雷奥而进行的一系列化装表演,在情节上与谍战有相似之处。这些都说明了张新科对谍战题材的痴迷。笔者认为,谍战题材是张新科小说中另一种"戏"元素,是一种更为隐秘的"戏"元素。"戏"的本质是"化装表演",而谍战中的谍报人员,无论正面人物还是反面人物,在作为间谍这一点上讲,都需要进行"化装表演",都需要隐藏自己原有角色,扮演另一角色,进入另一种完全不同的假定情境。从这一点讲,谍报人员无一不是技艺高超的戏剧演员。在《鏖战》《渡江》《苍茫大地》中,作为小说主人公的我方地下党员,之所以能一次次成功脱身并把情报传送出去,无一不是靠高超的演技、心机、智慧,及非常缜密的情境模拟与细节设计。《鲽鱼计划》中,日本间谍吉川化身为中国人、戏院老板杨之承,间谍即戏曲演员,两种身份、角色集一身。作者这样的情节设置不是偶然的,他其实是想告诉读者:间谍是演技更为高明的演员。张新科如此热衷于间谍角色,一再写谍战题材,与他对戏曲题材的关注,其理由是一致的,都来源于他对这种题材所包含的"戏"元素的强烈兴趣。

二

张新科小说"戏"元素如上述。那么,作者为什么痴迷于"戏"元素,为什么喜欢采用"戏"元素,来设计人物、铺排情节、构架小说呢?中国戏曲文化非常发达,底层草根社会,流行着传统民间戏曲发愤抒情的各种形式;上层社会,政治本位又形成人们的表演型人格。于是,中国社会从古到今就流行着"人生如戏,戏如人生"这句话。张新科应该从这句话中悟出了创作玄机。

在张新科那里,"戏"是展演人生、诠释政治、表现生活的最佳角度,是观照时代变迁的一面镜子。"戏"的盛衰,包孕时代变迁,见证历史沧桑。戏与时代,戏与人生,戏与生活,戏与中国大地上老百姓的悲喜,交融为一,读来给人无限感慨。《树上的王国》写槐树湾业余剧团,从其1963年成立一直写到1987年冬,"1987年冬,被收音机和电视机夺走观众的槐树湾业余剧团撤销,风行了二十四年的锣鼓梆子声从此在集上偃旗息鼓，寿终正寝。从那时起，槐树湾集再也没有搭过一次戏台，演过一场大戏"[①]。小说以一个农村业余剧团由成立到消亡的24年兴衰，折射出那个时代中国农民的悲喜人生和时代变迁，既反映了生活的深度，又包含着历史变迁的广度。一个业余剧团的盛衰，不仅仅是一种特殊的农村娱乐形式的存亡，它的产生、发展、兴盛到最终消失，与特定时代的政治、经济、生活、社会组织、媒体形式、情感表达方式等，皆紧密相关，互为依存。而且，一种特殊的娱乐形式，隐含着中国人不同时代、不同区域的独特情感记忆密码。一种娱乐形式的消失，意味着一个时代的结束，一种政治与经济形式的变化，一种特定的社会组织形式的变革。槐树湾业余剧团撤销了。它的消失是必然的，随着时代进步，槐树湾业余剧团必定解散。不过，时代进步却必须以槐树湾业余剧团消失，一种"美"的消亡为代价，这又使时代的进步打上了悲剧性的苍凉印记。《偃旗息鼓》写豫东大鼓书。作者的高明之处，不是抽象就大鼓书而写大鼓书，他不但贴着人物来写大鼓书，还把大鼓书这种民间娱乐形式深深揳入时代政治、农村社会、百姓悲喜里面去，从大鼓书的高亢鼓点中敲出了时代政治的刀光剑影，敲出了历史变迁背后老百姓的酸甜苦辣，映射出豫东大地农村的悲辛人生。小说从1927年北伐战争写起，历经抗日战争、解放战争、新中国成立、五十年代的历次运动、人民公社成立、六〇年大饥荒、六四年平原治水、"文革"、"七五·八"特大洪灾、联产承包、八十年代，一直到1991年6月6日"十里响"猝死于说书场，时间跨度近一世纪。小说明写大鼓书，暗写时代社会政治变迁，大鼓书敲响了历史的鼓点。从时间跨度上说，《偃旗息鼓》篇幅为短篇，但却具有长篇小说的容量，给人以广阔的历史纵深感。小说思想内涵深度与厚度的获得，与作者选取大鼓书题材、成功塑造出最后一位大鼓书艺人"十里响"的感人形象有关。作者敏感把握到大鼓书这种民间娱乐形式与20世纪中国特定地域社会政治生活间的内在关联，抓到了时代政治与百姓情感共振的联结点，既成功塑造了艺术形象，又讲好了中国故事。《天长夜短》选取露天电影放映队题材，成功塑造了电影放映员老侯的形象。与《偃旗息鼓》相似，作者采用的同样是一种"方志"写法："上蔡

[①] 张新科：《树上的王国》，作家出版社，2015，第255-256页。

县是一九五三年九月成立电影放映队的，离休后被县长抓差当县志编撰小组组长的佐生父亲后来回忆说。"① "上蔡县亘古以来的第一场电影定在十月十八号这一天放映"。② 这种方志史叙述，显示出作者叙事意图很明显，就是要以一个电影放映队和一位电影放映员，写出一个地域的社会变迁、政治变迁、老百姓的生活与情感变迁。小说从上蔡县1953年9月成立电影放映队写起，讲述了1953年10月18号上蔡县放第一场电影，历经1958年反右、电影队进公社、六〇年大饥荒、六〇到六五年电影放映的火红年代、"文革"、"七五·八"特大洪灾、恢复高考、联产承包、八十年代，到1990年北洪乡撤销电影放映队，老侯失业。小说在写法上与《偃旗息鼓》相似。与大鼓书作为传统民间艺术相比，电影是一种更为现代和新潮的娱乐形式，在20世纪50年代至80年代，在中国的广大农村最为流行，最为老百姓所欢迎，所以，作者选取露天电影放映题材，所反映的时代特征更为鲜明，所表现的时代内涵更为丰富。③

张新科选取"戏"元素，还与他对中国特定时代农村生活的独特理解有关。由于中国社会整体文化水平一直不高，"戏"，从来就是中国传统民间社会娱乐的主要形式，同时，寓教于乐，"戏"也承担着教化民众的重大功能，是教育民众、宣传政策的主导形式。中华人民共和国建立后，中国共产党非常重视对文化程度不高的一般老百姓特别是广大农民群众的教育，在这种背景下，最先进、最适合农民同时也最为他们所欢迎的电影，与传统的戏曲、大鼓书、快板、相声等各种民间娱乐形式一道被政府大力推行。听大鼓书，看电影，观戏曲，既是底层民众精神享受的主要渠道，又是进行民众教化的核心途经，正如《天长夜短》中的一句话："开国换主，重打

---

① 张新科：《天长夜短》，人民文学出版社，2016，第4页。
② 同上，第7页。
③ 张新科本人酷爱电影，曾在讲课中总结出"跨文化三定律"：汽车代表一个国家的工业水平，电影代表一个国家的文化水平，早餐则反映国民的生活水平。见张新科《过早》，载《清风徐来》，江苏凤凰文艺出版社，2019，第14页。张新科有"电影情结"，除小说《天长夜短》《大庙》外，关于电影还写有散文《乡村电影院》（又名《放电影的来了》）和学术论文《文化掮者·社会徒者·政治佣者·生活使者——20世纪50-80年代中国农村电影放映员社会角色评判》（《南京理工大学学报》2006年第2期）。

锣鼓。"①张新科对此有明确认识："在上世纪50－70年代我国文化教育事业相对落后的广大农村，是电影通过它的光影魅力将村民召唤到一起，通过映前讲话、自制幻灯、《新闻简报》、农业科教短片、正式影片相互衔接匹配，形成了独特的融文艺、政治、科教、娱乐于一体的中国农村电影文化，是名符其实的农民个个上得起、学得懂的'人类大学'。"②《大庙》中司马楼大庙的菩萨塑像被破坏清理，寺庙变成"电影院"，象征了寺庙所承担的教化功能，在新中国成立后，被"电影"这种新的娱乐形式所接管。小说通过"大庙"由"寺庙"到"电影院"到再次回归"寺庙"的时代变化，巧妙揭示出"民间娱乐"与"国家政治"间的内在关联及中国社会政治、经济的历史变迁。张新科选择"戏"元素来反映生活，恰恰是抓住了特定时代的关节点，显示出他对时代特征与底层生活的深刻理解。

在张新科那里，"戏"元素还意味着"诗性"。"戏"是表演，是艺术，是中国大地苦难生活中开出的艺术之花、诗性之花、信仰之花。"戏"，象征着对现实的超越，对政治的同构与解构，对黑暗的控诉，对善与信仰的诉求。在中国的文化传统里面，"戏"从来就具有批判性、否定性、反讽性，最集中的体现就是"二丑艺术"。而且，"言者无罪"，当权者对于这种否定、嘲讽与批判，有时还能够网开一面。当然，对于"戏"元素的批判特质，张新科应该是意识到的，但他表现更多的，则是"戏"元素诗性的一面，艺术的一面，善与美的一面。《树上的王国》《偃旗息鼓》《天长夜短》等小说，一方面写出了农村生活的粗粝、苦难、艰辛、丑陋，一方面又通过"戏"元素的引入，通过魏莹、老侯、"十里响"这样美好的人物，写出了艰难生活中的诗性之光，写出了农村大地上开出的诗性之花。当然，张新科同样认识到作为艺术的"戏"元素诗性背后的另外一面，艰难的一面，残酷的一面。《偃旗息鼓》表现"十里响"成名路上的无穷艰辛，透露出他对中国农村苦难人生的深刻体察与悲悯。不过，作者愈写"十里响"成名前作为"胖瞎"阶段的艰苦，就愈能展示"艺术"的伟大，美的可爱，诗

---

① 张新科：《天长夜短》，人民文学出版社，2016，第15页。
② 张新科：《文化捐者·社会徒者·政治佣者·生活使者——20世纪50-80年代中国农村电影放映员社会角色评判》，《南京理工大学学报》2006年第2期。

性的光辉。总之，张新科在小说中引入的"戏"，有力地烛照了现实，提升了现实，既显示出现实人生之苦，同时，又大大彰显了人性的美好与尊严。"戏"元素的加入，在"诗"与"现实"两者之间，造成了巨大的张力，小说的丰富意味和思想深度由此产生。

"戏"，在张新科那里，还是作者思考人生、体悟人生的主要载体。"戏"的本质是"角色"与"表演"。"戏"之成功与否，在表演者能否进入特定情境，演好自己角色。从这个意义上讲，每个人人生在世，都是演员，成功与否，在其能否尽力而为，尽职尽责。《树上的王国》《偃旗息鼓》《天长夜短》小说中，魏莹与"十里响"是曲艺演员和说书艺人，老侯虽是放电影的，但他经常要自己去演电影中的角色，为电影中的人物配音，因此也是演员。其他小说，《渡江》《苍茫大地》《鏖战》《鲽鱼计划》中的谍报人员，每个都是演员。作者塑造这些人物，歌颂其中正面人物，所着眼的，就是他们能兢兢业业、认认真真演好自己的角色，做好自己的工作，奉献自我，成就家国。从这个角度讲，张新科小说中的"戏"元素，其小说人物的各种"表演"，就拥有双重含义，具有象征性的形而上内涵。

张新科小说上演的"大戏"往往具有双重含义，是戏中有戏，戏外有戏，例如，《天长夜短》中，观众看老侯所放之"电戏"，似乎演员是荧幕上的电影演员。观众不但看电影演员演，还观看老侯亲自演；观众不只是单纯地观看，观众与村主任、观众与老侯之间的情感交流与情境互动，又形成另一场更为精彩纷呈的大戏。《树上的王国》中，槐树湾业余剧团演出，似乎演员只是舞台上活动的魏莹、王好、栗贵昌等演员，以及导演张福景，但真正的大戏是台下观众与台上演员之间近乎狂欢式的互动。《偃旗息鼓》同样如此，其中的演员并非单单"十里响"一人，其他参与进去的人物无一不是这幕大戏的成员。因此，可以说，张新科小说所表现的"戏"，是戏中有戏，戏外有戏，人看他人演，还被他人看，无人能超然于大戏的舞台之外。这种对戏里戏外复杂关系的艺术呈现，说明作者对人生、对社会、对人性的思考，已经达到相当深刻的程度。

三

"戏"元素的独特选择与成功引入，使张新科小说在艺术上形成了独特风貌，笔者把它命名为"戏"风格。这种"戏"风格体现在小说的人物塑造、情节设计与语言运用上，暂且把它们命名为"戏人""戏事""戏语"。

先说张新科小说的人物塑造。张新科小说的人物是立体的、活的、吸引人的，是"有戏"的人物。这里所谓"有戏"，并非单纯就外部身份或角色如戏曲演员、唱大鼓书的鼓书艺人而言，其他一些人物角色，如放电影且演电影的老侯，善于"喷空"的"响器"与"俘虏"吴铁山，从事地下活动的"地下党"如许子鹤等，都属于"有戏"的人物。笔者认为"戏"的本质是表演性、故事性与戏剧性，即使一些戏曲演员，若其戏份只是停留于外在演员身份，而没有进入情节、语言、动作行为的表演性与戏剧性层次，那么，这个人物的塑造可能也会是单薄的、平面的，不够立体。例如《树上的王国》的主人公魏莹，她虽然是槐树湾业余剧团的顶梁柱，聪明、善良、美丽、温柔，忠贞于爱情，是"我们"和我们老师"肖成功"眼中的白雪公主。但由于小说叙事视角"我"作为小学生的身份限制，由"我"的视角呈现的人物形象过于完美，缺乏戏剧性、故事性与表演性，所以，这个人物除了美丽、漂亮、羞涩，是一名优秀的业余梆子戏演员和忠贞的恋人外，最终没有给人留下更为深刻的印象。《远东来信》的主要人物潘进堂是戏班老板和演员，这个人物之所以"有戏"，给读者留下生动印象，也并非在于他在舞台上的表演，而在于他作为一个人所表现出的良知，他对一个陌生人的承诺、牺牲与奉献。《偃旗息鼓》中的大鼓书艺人"十里响"，作者在塑造这个人物时，注意多方面用笔，先写其"胖瞎"阶段，突出他身世之悲、命运之惨，凸显其成为一名鼓书艺人路途的艰难坎坷；"十里响"阶段，写他的机智，写他的仁义，写他最后的落寞。多方面的描写，充足的戏份，使"十里响"成为立体的人物形象，鲜活地站在读者面前。《天长夜短》写老侯露天放电影，不但写他几十年如一日兢兢业业地放电影，还写他的"演电影"，无电影可放后又自己在自家院中放电影，到县城人多之处，找特定年龄段的人喷电影，最终死在自家院落，那独自一人的电影放映场中，把电影放映人对电影的那份超级痴迷表现得惟妙惟肖，令人震撼。其他战争或谍战题材小说,如《苍茫大地》中的许子鹤,《鏖战》中华东野战军的敌工部长杨云枫、中共地下党员、国军第十二兵团八十五军一一〇师师长蔡云邈,潜伏在徐州"剿总"司令部的中共地下党员李婉丽和孔汉文,除了信念坚定、智勇双全、从容应变的共性,每个人还有其鲜明独特的个性,一个个显得非常鲜活、生动。他的一些短篇,即使题材上与"戏"扯不上关系,如《老满》《阿润》《信人》《活佛》等篇,其主要人物也是戏味十足,皆具表演性与戏剧性,如老满、阿润、信人,都属于塑造得非常成功的典型形象,读后令人难以忘怀。

  再说情节设置。小说是叙事的艺术,张新科很善于讲故事。他的小说大多情节设计巧妙,细节逼真,环环紧扣,充满悬念。他的长篇小说,如《渡江》重点描写杨云枫秘密开展情报搜集、物资准备和敌后策反工作,以及与国民党谍报部门之间惊心动魄的残酷暗战,可谓悬念丛生,引人入胜,读来欲罢不能。《鏖战》写淮海战役,人物众多,场面繁杂,很难驾驭,但张新科通过正面战场、谍报暗战、农民支前三条线索来讲述,繁而不乱,且谍报暗战一线引入后,小说叙事显得跌宕多姿,高潮迭起,煞是热闹好看。《远东来信》与《鲽鱼计划》叙事上通过设置悬念,然后抽丝剥茧般娓娓道来,让读者逐渐抵达事情真相,类似侦探破案,不知不觉间一卷终了。在叙事上,情节的悬念设计外,张新科另一拿手好戏是善于设置戏剧性、表演性极强的"经典情节"或"典型事件",通过这些经典情节挑起读者阅读兴味,形成一个个阅读小高潮。例如,《鲽鱼计划》第7章,写吴政委扮演成杀猪的吴老头,潜入土匪头子的十八里沟刺探情报。这一章写"吴老头"杀猪的场景,堪称绝妙,从动刀到吹气、煺毛、扒皮、开膛、破肚,"吴老头"的动作干净利索,作者的叙事也行云流水、酣畅淋漓,具有很高的艺术性。这样的情节叙事堪称经典。张新科另一拿手好戏是擅长琐碎、日常的物态化叙事,善于作精雕细刻的细节描写。例如,《鲽鱼计划》第2章写吕克特在德国埃森最豪华的饭店"莱茵河畔"吃饭。饭店最拿手的为Spagetti(西红柿海鲜酱意粉),但吕克特在吃了当天的Spagetti后,马上发现面条有问题,因为面条表面凸凹不平,依据化学上相似相溶原理,他马上推断出厨师为了省事,用的是煮过面的面汤下的面条。这一段叙事之所以非常精彩,是因为作者注意到生活细节,能敏锐发现日常生活中常人所关注不到之处。①对生活中小到极致的细微处的观察与表现，使张新科小说既能在大的情节叙事上波澜起伏、引人入胜，又能在局部的细节上精雕细刻、一丝不苟，充满生活的逼真感、鲜活感与饱满感。这一方面得益于作者注重精细观察、逻辑推理与实地采风，②另一方面又与他对生活、对文化、对民俗的热爱与精微体察有关。从张新科小说鲜活、丰满的民俗物态化叙事可看出，张新科非常热爱生活，善于观察生活，能敏锐洞察人情物理，这从他的散文《面道》《过早》《说书先生》等可以看出。《偃旗息鼓》充溢着大量的民间民俗生活的细节描写，令人拍案叫绝，如四条腿教胖瞎磨面，把磨盘当作说书的大鼓，"磨面时围着磨盘转，说书时围着大鼓转；磨面时前腿倾后腿蹬，说书时前腿轻后腿重；磨面时右手推左手扫，说书时右手敲左手摇"③。这段话朗朗上口、押韵对称，打通磨面与说书之理。小说描写农村用大铡刀铡草料的技巧："用铡之人都知晓，操铡大有讲究。技巧不在上下挥刀的人，这人力气大就行，而在于往铡口上输草之人。胆小者铡出的草料半尺长，猪马牛羊不爱吃；牲口爱吃的草料半寸长，这就要求输草之人的手指离铡口不到一寸，团实抱紧，手掐腿跪，胆大心细，

---

① 此处细节叙事由作者自己两段吃面的亲身经历综合而成，见张新科散文《面道》，《清风徐来》，江苏凤凰文艺出版社，2019，第3-4页。《面道》中提及的另一段在上海虹桥德语学校附近王姓老板店中吃拉面经历，被作者写成另一小说《西天取经》，小说主人公名为"王先进"。

② 张新科非常注重创作前独立的资料准备与生活体验，为此做了大量工作，特别是调查研究与实地采风。为挖掘历史和文化资料，张新科曾利用业余时间采风调研，足迹遍及河南上蔡、开封、洛阳、安阳、南阳及江苏、陕西、甘肃等地，"采访期间，我与当地戏班子等民间文艺团体同吃、同住、同行，共采访了三百多位唱戏、说书、放电影的民间艺人，全面了解抗战期间河南灾荒的实情和当时豫剧戏班子的生活状况，拍摄了大量影像资料。"（张新科《站立》，载《清风徐来》，江苏凤凰文艺出版社，2019，第125页。）张新科："每一次，在准备创作以重大历史事件为背景的长篇小说时，我都会进行了大量的史料查阅、实地考察、人物采风，比如《鏖战》，虽然提笔创作仅有两年时间，但是之前的素材积累却用了八年，这期间，我遍访了淮海战役大大小小几乎所有的指挥所、战场等，采访了数以百计的大战参与者。当然，在搜集到的丰富素材中，又让我看到了小人物的可爱、隐忍、仁义与坚守，于是在创作长篇小说期间，就把对社会、对小人物的思考与感动，点点滴滴地记录下来，转化为《天长夜短》《偃旗息鼓》《信人》等中短篇小说。"见丁东亚、张新科：《写作是一次次"心灵洗涤和净化的过程"》，《长江文艺》2019年第4期。

③ 张新科：《天长夜短》，人民文学出版社，2016，第90页。

眼明手疾。"① 这段铡草经，句句落实，无一虚语，全从现实生活中来。这样的细节叙事，当然能够吸引人，说服人，感动人。《树上的王国》写刘都堂抽"土炮"的三部曲，把吸烟写绝了。② 在张新科小说中，类似这样的细节描写和民俗生活的物态化叙事，可谓俯拾皆是，举不胜举。这充分说明张新科是个有生活的作家。对生活的体察、记录与把握，使他在叙事中游刃有余，左右逢源，以真实入微的细节描写吸引读者。

最后谈谈张新科小说的语言，笔者把他的一些比较典型、成熟、艺术化的小说语言称为"戏语"。所谓"戏语"，并非指游戏笔墨，而是指他的小说人物语言及叙述语言，有机融合了豫东方言土语，非常富于表演性，充满了戏剧性、夸张性、戏谑性、喜剧性，是一种性格化语言、生活化语言，甚至可称之为"民间狂欢化"语言。例如《天长夜短》写民众聚集在一起看露天电影，在那个特定时代特定情境中，这无疑是具有仪式感的狂欢活动，这种狂欢气氛，最突出地体现在人物语言上，例如村主任王大头的讲话，特别是最后严肃宣布的三条纪律："第一条，看电戏时任何人不能放响屁，更不能放臭屁，影响放映效果；第二条，看电戏人多，任何人不能抽烟，当然啦，除了放电戏的先生和我；第三条，看电戏时男女堆在一起，不能揪大闺女的头发，更不能掐人家小媳妇的屁股。"③ 注意这句话中的"臭屁""屁股"等带有低俗化色彩的语言。这段话，既凸显了大头主任的性格，又渲染出万人露天电影放映场的狂欢气氛。而当放映员老侯一字一字喊出"我——是——毛——主——席——派——来——的！"之后，整个放映场就像一根点着的火柴扔进了汽油桶，轰然燃烧起来，达到狂欢化的最高点。可以说，《天长夜短》表面上似乎写的是老侯露天放电影，同时也写了老侯、村主任等人与村民联合起来所进行的另一场表演。村主任与村民们，既是看电影的，但与放映员老侯一起，又同时参与到民间狂欢化的另一场大戏当中。因而，人物语言与叙述语言，无一不具有表演性、戏谑性、夸张性、释放性、反讽性、自嘲性的狂欢化特征。

---

① 张新科：《天长夜短》，人民文学出版社，2016，第90页。
② 张新科：《树上的王国》，作家出版社，2015年版，第10-11页。
③ 张新科：《天长夜短》，人民文学出版社，2016年，第12页。

鲁迅传统的出色传承

——乔典运《问天》细读

鲁迅开创了 20 世纪小说审视、拷问国民性的传统，此传统在老舍、张天翼、萧红、高晓声、李佩甫等作家那里得以延续，乔典运的系列小说同样是对该传统的出色传承。因而，只有把他置于国民性叙事的大传统中进行考察，才能真正把握他在 20 世纪小说史上的位置。

1994 年乔典运小说自选集《问天》出版，该集收录小说 15 篇，选材角度虽有不同（大部分写农村，一部分写小城），但在题旨上无一例外皆聚焦于国民性的剖析、批判与拷问。《换笑》批判专制者唯我独尊的专制心态；《疤癞》一方面以"疤癞"隐喻知识分子人格灵魂的缺陷，一方面又揭示王局长一类官僚虽不学无术，却非常擅长玩弄权术；《钱》写村民普遍的拜金心理；《欢天喜地》以一人中奖所引发的一场悲喜剧，剖析小城人仇富的阴暗心理；《没事》写农民在村支书面前的奴性；《遗风》揭示传统仁义文化的负面因素；《挽联》剖析机关职员的官迷心态与奴性意识；《香与香》通过村支书对村民的诬陷迫害及村民的无情报复，挖掘农民人性中的黑暗与戾气。作者对国民性的剖析，集中于三方面：对农民奴性心理人格的犀利揭示，如《问天》《没事》等；对官僚专制心态细致入微的巧妙展示，如《换笑》《定时炸弹之谜》等；对小城市民堕落、阴暗心理（可名之为"小城心态"）的深入剖析，如《小城今天有话说》《欢天喜地》等。三者之中，乔典运对农民奴性心理人格的揭示尤为细腻入微，《问天》《没事》可谓这方面的代表作，下面就通过细读《问天》，来看看乔典运在这方面的表现。

《问天》写农村的一次差额选举在村民三爷心中所引发的一场巨大心理波澜。王支书在村民大会上宣布要举行差额选举，提出两个候选人，一为张文，一为李武，两人中只能选出一位当村主任。村支书强调这是关系每家每户每个人的大事，村民要回去好好想想，想好第二天投票选举。三爷是听话听惯了的好村民，于是，他遵照支书指示，开动脑筋认真想。他想到张文对自己做过好事，打算选张文，但随即又想到李武妈对己有救命之恩，于是决定选李武。三爷的大儿子则认为要选谁，关键在支书，一要看支书对谁好，二要看谁对支书好。一句话提醒三爷，他认为王支书对自己一家有天大恩情，一定要选一个对王支书好的人，才对得起他。可是，想来想去，两个候选人对支书都很好，都是忠臣不是奸臣。这让三爷很为难。三爷最终还是想到了办法，就是直接找王支书本人问，看他想让谁当。但支书在选举这件事上并不想违反政策，他一再坚持自己在两位候选人中并无任何偏向，村民选谁就谁。三爷认为支书的回答是应付自己，和自己不过心，他被激怒了："你不给老百姓作主，老百姓也会不给你作主，咱们看看谁日哄过谁？"因此，第二天选举时，三爷带着一家老小上山给鸡打野菜去了。

以上为小说大致情节。作者讲的故事很普通，讲故事的方式也很朴实，但朴素的故事背后却包蕴丰富寓意和韵味，对中国农民在带有浓厚封建性的政治体制下悲剧性的生存处境与麻木的奴性人格有非常深刻的揭示。要理解故事题旨，首先要了解乔典运所呈现的乡村。他笔下的乡村皆带有浓厚封建性，这些位置偏僻、经济落后、政治一体化的小山村（行政性质的"村"）在中国各级政治机构中处于最低一级，无一例外都存在"支书/村民"的二元结构："支书"包括他手下的村主任、治安主任等属于村级"政府"的领导层，村民则是村级"政府"的被领导层。支书代表村级组织行使各项权力，在村中居于绝对支配性领导地位，村民处于完全被控制、被支配地位。这种支配与被支配的权力分层，无疑使这样的村级组织带有浓厚封建性，在一些比较偏僻落后的地方就更是如此。村支书及以他为核心的领导层作为村子的一家之主，决定村中一切大小事务，村民命运完全掌握在其手中。《问天》有一细节，在割尾巴运动中，治安主任（后来的王支书）的一句话就挽救了三爷一家命运，三爷全家一直为此感恩戴德。由此一点就可看出在高度政治化而经济落后的偏僻乡村，村一级干部特别是村支书具有改变村民命运的能力。高度政治一体化给村一级组织带来的直接后果是，村支书成为全村的"脑袋"，成为为全村人"想事""谋事"的人，而村民则主动放弃自己的"脑袋"，主动把"想"和"作主"的权利让渡给支书。村民由不能想到不用想再到不愿想，最终发展为不会想，——成为没有"脑袋"、失去"脑袋"的"躯干"，就如小说中所说："地咋种啥时种种啥啥时浇水啥时施肥啥时锄啥时收，等等，等等，上级都替你想了，你别说不会想，就是会想，想的再美也是白想，想多了还犯王法。"①

为了突出"村"所具有的浓厚封建色彩，乔典运在小说语言上有一系列巧妙应用。首先是人物命名。《问天》中，支书被作者命名为"王支书"，而在《没事》中，父子俩皆为支书，一为"老王支书"，一为"小王支书"；其他小说，《疤瘌》中局长为"王局长"，《定时炸弹之谜》中科长为"王科长"。作者这样命名别有深意，乃是以"王"来隐喻封建专制的"王"。两个候选人名字也大可玩味，一为"张文"，一为"李武"，"文""武"隐喻"文臣武将"，在村民眼中，选村主任就是要选一个对王支书心贴心的"忠臣"。以上名字外，"三爷"的命名也很有意思。乔典运乡土小说中出现的农民一般没有具体名字，最低微的农民往往却被他冠之以"三爷""五爷"的称谓，如《问天》中的"三爷"，《香与香》中的"五爷"。"三爷""五爷"的称谓说明农村作为熟人社会和宗法社会，人物之间讲求辈分和亲缘关系，但"爷"的命名还另有所指。一为实指，隐喻最低微的男性在家中的专制地位，《问天》中三爷虽然地位卑微，但他也传承了封建那一套，在家中他的话就是命令，他是一家之主，家里的"脑袋"："在外边，干部们替三爷想；在家里，三爷替一家人想。"另一方面，"三爷"的命名也带有反讽色彩，三爷虽是群众，是人民，好像是"爷"，但其实是"孙"，一切得听支书和村干部的。从这一层面看，"爷"的命名就含有讽刺挖苦的俏皮意味，显示出作者的机智、幽默。《问天》的叙述语言特别是人物语言，地域方言色彩颇重，人物对话也带有浓厚的封建意味，如"表忠心"，"一字平肩王"，"报答"，"坐朝廷的帽子——皇冠"，"登基坐朝"，"圣

---

① 乔典运：《问天》，中原农民出版社，1994，第1页。

旨","李世民还听老魏骂哩,骂是骂可是个一心保驾的忠臣",等等。这些语句也显示人物满脑子的封建意识。

了解乔典运小说中乡村的特点和实质,我们才能深入了解他所设置的故事情节背后的幽默和悖论。权力的高度集中使村支书成为全村的"脑袋",村民则成为失去"脑袋"的人。然而,没有"脑袋"的村民却突然有一天被要求去运用自己的"脑袋"去想,于是,这"想"就显得有点荒诞和滑稽。没有了"脑袋"而硬要去想的三爷(民)于是陷入想的迷宫而痛苦不已,最终他认识到自己的"脑袋"还是长在支书(王)那里,然而,这一次,支书(王)却要求三爷(民)必须用自己的脑袋去想,但从没有作过主的村民已经不会作主,从没有用过"脑袋"的村民已经不会去想,因此,他对于支书(王)的恩赐并不领情,认为这是支书(王)给自己出的一道难题,是支书(王)对自己的作弄,于是以反抗(上山)来逃避"想"和作主(选举),以此作为对支书(王)的报复。

围绕村民的"想",围绕支书(王)与三爷(民)之间的关系,还可提出更多问题。就支书(王)这一边来说,他平时说一不二惯了,这一次响应上级号召,实行差额选举,让失去"脑袋"的村民去想,去作主,实际上是给村民设置一个圈套,出了一道难题,因为差额选举的两人,一为"张文",一为"李武",都是自己的心腹,选中谁都是自己的"文臣武将",同时又落了一个民主美名,何乐而不为。就三爷(民)这一边来说,在这一场民主的游戏中,他处于完全不利的位置,因为,他失去"脑袋",但却必须去想,他由一开始的不觉悟,即以己为本位只考虑谁对自己有恩,到觉悟,即认识到"脑袋"还在支书那里,经历了颇为艰难的过程。但觉悟并没有带来问题的解决,因为支书这次为了不犯"政策",坚决要求没有"脑袋"的农民去想。在这一场民主的游戏中,三爷彻底失败了。三爷真正觉悟了吗?当然没有。三爷的觉悟只是觉悟到自己没有脑袋,觉悟到一切还得靠支书(王)去想,他的觉悟正是不觉悟。那么,没有"脑袋"的三爷还能够真正觉悟吗?这是值得认真加以思考和追问的。三爷报复(日哄)支书(王)的行为也颇值得玩味,就是上山给鸡打野菜,这与古代隐士为了逃避皇帝而上山隐居的风雅行为之间,同样形成巧妙的对照与反讽。

乔典运《问天》《没事》等小说,对偏僻山村农民奴性人格的揭示,可谓入木三分，他同时还深入揭示了这种奴性人格产生的土壤：高度政治一体化所产生的村级管理组织的浓厚封建性，正是在这种带有浓厚封建性体制下出现的"支书/村民"二元结构，直接催生和决定了三爷、五爷、何老六等人失去"脑袋"的悲剧命运和奴性人格。而在《香与香》这篇小说中，他又揭示了农村经济化进程对于"支书/村民"二元结构的冲击，揭示了农民人性中的戾气、黑暗因素与"支书/村民"二元结构之间的必然关系。乔典运对于农民奴性人格及其根源的剖析，非常犀利深刻，上承鲁迅而又有新的发展，他在20世纪小说史上所具有的重要位置，应该与他这方面的出色表现有关。

墨白小说的深度

——短篇小说《纪念》细读

墨白短篇小说《纪念》篇幅很小,主题却很大,他关注的是整个人类的命运。

墨白小说具有很强的哲理性与隐喻性,充满了对生命与死亡问题的沉思与探究。

墨白对短篇小说文体有着刻意经营,从语调、节奏到叙事视角、时间、结构等等,无处不见匠心。

读《纪念》之前,早闻墨白大名,却无缘识其人、阅其文。读了《纪念》第一句,就像中了电,被小说的语调与节奏所吸引,迫不及待读完了全篇,感受是:墨白的小说写得真好!

《纪念》是一篇正格的短篇小说,很短,不足5000字,采用第一人称叙述。叙述人兼主人公"我"是一个作家,名字叫"墨白",写了一本纪念抗日战争胜利五十周年的书,为了校对这部书稿,"我"来到异乡一座古老的城市里。在1995年4月4日清明节的黄昏,"我"想起五十年前同一天的往事:自己的奶奶(老太太)麻婆,在杀死了强奸自己的日本人后,一把火点燃了自己家的扎纸铺而葬身火海。黄昏时分"我"从所住的小旅馆中走出来,在十字路口看着人们烧纸祭奠逝去的亡灵,不仅想起了麻婆以及其他千千万万与自己"无关"的死去的人,于是买了火纸,从一个漂亮的女孩子那里借到火点燃。或许是死者把我们联系到了一起,在烧过火纸后,我与"她"好像已经认识了许多年。我们一起散步,最后走到附近的公园里，在湖边长椅上聊天。"我"得知这个女孩叫罗燕，她说自己是给死去的男朋友烧纸，并且声称"我"在长相上很像他。"我"虽然不认识罗燕，但她说认识"我"，因为"我"正在校对的书稿就是她打印的。"我"向罗燕讲述了五十年前有关爷爷奶奶的往事。夜晚的寒冷和关于死亡的回忆使我们两个人紧紧拥抱在一起，最终在湖边长椅上做爱。"我"与罗燕分手后，第二天醒来就想起了她，但当"我"找到了罗燕所在印刷厂的照排室，却被告知罗燕半个月前就已投入公园的小湖自杀了，原因是她男朋友去日本留学，抛弃了她。在得知这个消息后，"我"感到一阵眩晕，视线里是无边无际的黑暗。

《纪念》篇幅虽短，但故事和主题却并不简单，它至少包含了三个层次，第一层次是麻婆的故事，第二层次是主人公"我"对于过往事件的追忆、书写与祭奠，第三层次是"我"与罗燕的奇遇。三个层面的故事包含三种不同的时间维度，其所揭示的主题是很不一样的。第一层次麻婆的故事发生于五十年前，属于"人类的往事"，揭示的是民族主题。小说一开始就是：

> 麻婆坐在昏暗的屋子里，目光有些痴呆，她的思想沉溺在对某一个事件的思考之中。她瘦小的身子被开得旺盛的白色黄色紫色的纸花所簇拥。①

这两句是对麻婆故事的直接陈述，但作者并不打算把重点放在对这个故事的讲述与民族主题的渲染上，因此，在这两句之后，视角一转，转到第一人称叙事，开始进入第二层面，即现在（"我""生命"）对过去（"麻婆""死亡"）的追忆、怀念、祭奠与沉思，这是这篇小说的侧重点，小说题为"纪念"，应该与此有关。为了突出题目"纪念"，作者把小说的现在时间定在清明节："现在是 1995 年 4 月 4 日，清明节即将来临。"清明节是中华民族最为传统的节日之一，这一天人们要给死去的祖先上坟，寄托对逝者的哀思与怀念。因此，清明节是一个具有特殊意味的时间设置，是

---

① 墨白：《纪念》，《飞天》1996 年第 7 期。

为烘托出"纪念"的抒情氛围而设定的。作者通过"我"对于"过去""死亡""仇恨""战争"的回顾与祭奠，表达出的是超越民族的"人类"主题。第一层面麻婆的故事所演绎的是日本对中华民族的侵略与战争，这是典型的民族叙事，而到了第二层面"我"对于麻婆以及其他亡灵的追忆与祭奠，透露出的则是超越性的人类主题，表达的是"我"对于个体存在、生与死、人与人关系、人类命运的关注与思考。小说的这两个层面是比较浅层的，还不能构成真正的故事性，真正具有故事性、哲理性和艺术虚构性的是第三个层面："我"与漂亮女孩罗燕的奇遇。"我"与罗燕之间由偶遇到聊天到做爱，这一切来得太快了，这还不算奇，最奇的是"我"最后竟发现罗燕半个月前已投水自杀。这种情节上的发现和陡转，一下子改变了整个故事的性质，它是作者的一个精彩设计，也是理解本篇小说的关键所在。在罗燕已死的"发现"之前，小说的故事可以说具有完全的写实性，但罗燕已死的事实则使此前的故事带有浓厚的虚拟性、隐喻性与哲理性。

在三个层面的故事中，麻婆的故事隐喻着过去与死亡，"我"的追忆与纪念隐喻着生命与现在，而"我"与罗燕的遇合则隐喻现在与过去、生与死的双向对话、交流、转化与统一。在第一、第二层面的故事中，"我"追忆着人类的陈年往事，麻婆是"我"追忆与纪念的对象，时间维度是由现在（生）向过去（死）追溯。但在第三层面"我"与罗燕的故事中，一切发生了变化，死亡化身为漂亮女孩罗燕，在清明节的街头烧纸祭奠男朋友，她的漂亮与凄伤吸引了"我"，我们之间好像已经相识多年，最后我们的感情快速发展，最终在湖边的长椅上做爱。这样的情节隐喻的含义是复杂的，最浅层的寓意如小说中所说"人死了有灵魂"，但更深的含义则是作者对生命与死亡关系的深入思考：生与死的对话与交流、转化与统一，死亡与过去对生命与现在的制约与影响，等等。小说对死亡问题的关注、思索与探究贯穿了三个故事层面，小说中出现了不同人多种多样的死：爷爷的死，麻婆的死，罗燕的死，其他千千万万与"我"不相关的人的死，充满了各种与死亡相关的意象，如黄昏、夜晚、清明节、坟、纸花、花圈、万人坑、大火等。在湖面上跳跃的灯火也与"死亡"有关："那些灯火仿佛是许多年前的死者的眼睛。"对于死亡的思考与探究，使小说的语调显得非常深沉与严肃，第一人称"我"的使用又进一步加强了小说的抒情性。对于死亡，作者持一种哀而不伤的积极态度，写出了死对于生的吸引，如"我"对于罗燕的感情；死与生的交流与共在，如"我"与罗燕由互相倾诉感情，最后发展到肉体的结合；死对于生命个体之间关系的重新界定，如"我"一见到罗燕，互相之间便如相识多年，"或许是这样，是那些死者把我们联在了一起？"在清明节的街头，看着那么多人为那些"我"并不认识的逝者烧纸，"我"一下子悟到了人与人之间的相关性，于是也买了火纸来烧纸，当罗燕问"我"为什么烧纸，"我"的回答先是"不知道"，然后是"人类吧。我这样嘟哝了一句"。"人类？""或许是吧，为死去的人类。""我"烧纸，一方面是为了麻婆，但又不仅仅局限于麻婆，"我"的祭奠其实已经远远超出了狭隘的血缘层面，而进入到更为宽广、阔大的人类层面。在这里，也正是死亡的相关性，使"我"一下子悟到人类个体之间的相关性，这种顿悟大大提升了"我"的思想层次，使我的关注点由血缘关系（家）的层面进入民族（国）的层面再最终进入人类（超越家国）的层面。当"我"与罗燕在湖边长椅做爱时，"夜风吹动我们身后的树叶，如许多手在拍动着。我想，这是一些死者为我们这些生者发出的声音吗？"这一句精彩的比喻如神来之笔，深刻写出了死对于生的支持与歌颂，生显得非常美好，而死也完全失去了其惯有的恐怖气息。

《纪念》的主题有着很强的超越性、哲理性与隐喻性，为了表达这样的主题，墨白一反中国小说的写实传统，开始了他在艺术虚构领域的探险历程。艺术产生于想象与虚构，这本来是一个常识性的命题，但很长一段时间内，我们的批评家却总是抱着现实主义的一套法则不放，现实主义的长期独尊与一统天下，使20世纪的中国文学在能贴近现实的同时，也由于过于紧跟现实，而带来一系列的弊端，其中根本一点，就是忽略了艺术来源于想象与虚构这一基本的艺术规律。《纪念》的故事模式，为一个男人遇到一个女人，爱而生情，最后却发现女人已死去多日。这样的情节若以写实的尺度衡量，不但是荒诞不经的，而且在《聊斋志异》中已经出现了多次，成了俗套。但墨白却有能力以旧翻新，从老故事中翻出新意境，把新与旧、现在与过去、古典与现代、民族与人类等各种元素融合在一起，锻造出全新的东西，不得不让人佩服作者的大手笔。《纪念》采用《聊斋》的故事模式，而并不让人感到怪异与轻佻，笔者认为这与作者的艺术匠心是分不开的。首先是前面已提及的三个层面的故事设置，麻婆故事、"我"对麻婆的追忆与罗燕故事的并置；其次是小说主题的严肃性，民族性、人类性的宏大主题再加上生与死的深沉思考，使罗燕的故事显得逼真而非怪异；第三，短篇小说艺术上的经营。在叙事视角上，作者采用第一人称，而且"我"的名字就叫"墨白"，第一人称叙事便于抒发感情，小说的抒情氛围与哲理内涵的获得与此有关，小说给读者带来的逼真感觉与此也有关；为了营造"纪念"的氛围，作者在叙述语调上也非常讲究，一开始使用了许多长句，如："我坐在异乡的一座古老的城市里的一家小旅社的一间光线暗淡的屋子里，来回溯人类五十年前的往事。""在一个十字路口，在被灯光照得迷离的柏油路面上我看到了有几堆在风中挣扎的火纸所燃起的火苗。"这些长句子读起来节奏非常舒缓，营造出深沉的抒情氛围，定下了全篇的语调。

一个意味无穷丰富的文本

——《阳光下的海滩》细读

墨白被称为"先锋小说家",但就笔者的阅读感受而言,他的小说并不晦涩难懂。《阳光下的海滩》[①]则似乎是小小例外。这篇小说对于读者理解力提出很大挑战。小说内容写海,写人心似海、欲望似海深不可测,而小说呈现的文本世界则是另一"海洋",充满作者设置的大小陷阱和漩涡,稍不留意,就会陷入其中,无法走出。

这篇小说的匠心或者说特色所在是它存在两个文本,或者说可以分为两个部分。小说开篇到"她浑身像抽去了骨头一样无力,她滑坐在躺椅上,闭上了眼睛"[②](以下所引皆出自该文,不再一一注明出处)为第一部分。从"天空暗淡下来"至小说结束为第二部分。第一部分是小说女主人公"她"的潜意识或者说白日梦的流露,姑且名之为"潜文本"或"隐文本";第二部分则是女主人公"她"梦醒之后的真实生活,为"显文本"。一篇小说,存在两个文本,而且这两个文本之间无论从内容到文体皆形成一种巧妙对应的关系,既存在相互解构,又充满细节上的彼此呼应与意义上的互相生发,是很奇妙的,值得反复品味和细读。

小说第一部分采用第三人称"她"的限制视角,呈现的是"她"眼中的世界。这是一个什么样的世界呢?无疑是一个非常富于浪漫情调的世界:阳光、海浪、沙滩、海鸥、绿树、红墙。与这浪漫情调相配合的必然还

---

① 墨白:《阳光下的海滩》,《山花》2008年第1期。
② 墨白:《阳光下的海滩》,《山花》2008年第1期。

要有一个"你","她"的梦中情人,不然,就辜负了这样美丽的风景。于是"你"就出现了。这个"你"的具体身份是一个年轻画家,"年轻"且具有一头漂亮的长发再加上"艺术家"的身份,可谓再也理想不过的浪漫情人。浪漫情人向"她"介绍印象派画家马奈《风浪里的渔船》和伟大的海洋画家霍默,于是阳光下的海滩在西方名画的装配与映衬下,成了一幅真正浪漫的艺术品,理想爱情的发生地。在这样一个浪漫环境中,浪漫的理想情人向"她"表白爱情,于是就出现这样浪漫得近于俗套的语言:"他的目光像阳光一样的强烈,我想画你。画我?对,你的身体在我的眼里就是海。你的身体像海一样诱人。你的身体像海一样辽阔。你的身体像海一样深奥。""天是那样的蓝,蓝的使你不敢相信那是天的颜色。"小说名为《阳光下的海滩》,小说第二部分那个年轻画家在海滩上画的那幅画也题为《阳光下的海滩》。如果说年轻画家笔下"阳光下的海滩"是他眼中之所见,印象派画家马奈笔下"阳光下的海滩"是马奈通过自己理解而对世界光与色之呈现,作者似乎是通过这些来提示读者:小说中"阳光下的海滩"同样是女主人公"她"眼中(准确说是意识中的)的海滩与世界。"她"眼中的"阳光下的海滩",海滩上"她"与"他"的浪漫爱情,其实是"她"对世界的编织与想象。当然,读者在阅读第一部分还不可能达到这种认识。在小说女主人公"她"的视角下,在"她"对这个世界的浪漫想象下,读者不自觉通过"她"的视角来看待世界,不自觉接受"浪漫爱情"的温柔俘获,自然而然沉浸于男女主人公的浪漫故事中。

随着小说女主人公"她"的意识缓慢流动,作者巧妙设计的另一个道具"高倍望远镜"派上用场,小说第一部分的叙事逐渐由单纯的浪漫爱情叙事演绎为"阴谋与爱情"叙事。值得注意的是,"她"想象中的浪漫情人是伴随一架"高倍望远镜"出现的,而且"他"的出现在人称上有一微妙的转换过程:"没事儿,他说。他的声音从某个方向传过来,……你在哪儿?哪一个是你等待的窗口呢?那架高倍望远镜能看清远处的海面吗?"这段话中的第一个"他"与"你"所指为一人,都是"浪漫理想爱人"。由"他"到"你"人称转换意味着语气的更加亲近和距离的渐次拉近。为什么"他"要使用高倍望远镜呢?只是为了看清远处的风景吗?风景背后是否还隐藏着不为人知的秘密呢?于是,由高倍望远镜自然引出女主人公"她"

的望远镜，又由"她"的望远镜引出另一个"他"——"她"的有钱的秃胖子丈夫。于是又引出一个三角世界：一个女性夹在年轻恋人（理想、诗意、浪漫）与老年丈夫（现实、散文、平凡）之间的比较老套的三角故事。随着女主人公意识流动和时间的向上追溯，这个浪漫爱情故事背后的更多隐秘被我们窥知："她"与浪漫理想爱人虽然苦苦相恋但无法结婚，因浪漫理想爱人有艺术但没有金钱，为了实现带"她"到巴黎的浪漫理想，为此他让"她"牺牲自己色相而嫁给有钱人即秃胖子，随后又让"她"把秃胖子骗至海滨度假。浪漫理想爱人让"她"诱使秃胖子游过海上的浮桶，他则在远处用高倍望远镜监视其行踪，待时机成熟，穿上潜水衣在水下把秃胖子拉入深海淹死，造成被大海鲨吞吃的假象，这样"她"就可顺利继承一大笔遗产，从而实现两人到巴黎生活的浪漫理想。随着小说叙事展开，第一部分的"潜文本"在单纯的"浪漫爱情"之外又添加上了"阴谋"，演绎为"阴谋与爱情"的另一程式化故事。比起单纯的浪漫爱情故事来，这类"阴谋与爱情"的情节模式更能吊起读者胃口。随着叙事逐步深入，两架高倍望远镜同时指向那个有钱但可怜的秃胖子丈夫，两个情人之间用手机短信互通讯息，秃胖子渐渐游过浮桶，"鲨鱼"出现，秃胖子的性命岌岌可危，作为读者的我们无不为秃胖子捏一把汗。到第一部分接近结束时，读者已深深陷入作者所巧妙设计的故事情境而不能自拔。

　　随着阅读逐步深入，"她"在"他"（秃胖子丈夫）的恶作剧般的捉弄下醒了过来，叙述进入接近纯客观叙事的第二文本。读者这才发现自己掉入作者设下的叙事圈套——这之前的一切，不过是"她"的一场白日梦而已，梦中的一切在现实"阳光下的海滩"其实根本没有发生。真实情况是：女主人公"她"与青年画家素昧平生，更非恋人，当"她"与秃胖子丈夫在海滨度假时，因偶然借阅青年画家的一本画册而相识，除此之外，两人根本没有交流；秃胖子丈夫并非富翁，也非游泳健将，而是旱鸭子，根本不会游泳，当然不可能诱其至深海将其谋害。所谓的那场"阴谋与爱情"的精彩而又俗套的故事，完全出自"她"的一厢情愿。这样一来，小说的两个文本就形成既互相拆解又互相建构的关系。一方面，显文本的现实世界有力解构了潜文本中"她"对世界的浪漫想象；另一方面，潜文本中"她"对世界的浪漫不经的想象则出自"她"对现实世界幼稚而又扭曲的

"反抗";潜文本凸显了女主人公的隐意识或下意识,与小说中呈现的"大海"相对应;显文本呈现的是女主人公当下的生活状态,是隐文本中女主人公白日梦生成的源泉。

即使没有第二个显文本,潜文本即第一部分以一个女性为视角呈现的"阴谋与爱情"的既浪漫又惊悚的传奇故事,同样可以独立存在。这样一则故事在情节上虽有点模式化俗套化,但却雅俗共赏,既有通俗化的曲折情节,又饱含对人性的深度分析。那位长发飘洒的艺术家恋人,虽然外观潇洒漂亮,但却自私残忍,信奉弱肉强食的丛林生存法则,而"她"则是出于对"他"的无条件崇拜,在他的自私残忍的裹挟下无辜卷入这一场"阴谋+爱情"的游戏之中。在这场三角恋爱故事中,作为女性的"我"无疑是被两个男性所共同利用与伤害的无辜的悲剧性人物。事实果真如此吗?要知道第一部分的潜文本之所以是潜在的或隐伏的,一定程度上来自它的第三人称限制视角的叙事角度,——这样一则"阴谋与爱情"的浪漫传奇,完全出自女主人公"她"的视角。一个作家采用何种视角来叙事,读者便会相应地采用何种视角来接受。视角既设定人物看待世界的角度,同时也设定了读者看待世界的角度。就本篇来说,作者采用第三人称"她"的视角,读者可能会不由自主站在"她"的角度来看待世界,审视"她"眼中的两个男人。当然,这样的假定必须有一前提:这位视角人物在道德上是可以信任的,在价值观上是没有问题的。读者一旦发现视角人物的叙述是一种不可靠叙述,那么,叙事者所精心建构的世界将会瞬间崩塌,反讽就会出现,视角人物所呈现的一切就会得到截然相反的评判。具体到本篇小说来说,如果没有第二部分显文本出现,纯粹局限在第一个文本世界内部,叙事的反讽效果就很难达到。正是第二文本的出现,读者才顿悟之前的一切不过是视角人物"她"潜意识中的精心编织而已,才真正开始审视第一部分叙事的视角问题,以及这种视角所带来的巨大反讽。没有第二部分,第一部分发生的事件就是实实在在的事件。有了第二部分,读者才明白这一切不过只是虚拟发生在女性主人公的意识深处。第二文本瞬间照亮了第一文本,使我们发现女主人公原来是一个追求浪漫到近于病态和变态的人物。于是,第一部分的浪漫叙事在第二文本的烛照下演变为"浪漫的反讽与反仿"。读过第二部分,我们才真正体会到作者在第一部分中的浪漫叙事，不过是对于近于俗套和老套的浪漫叙事的反仿而已；女主人公对浪漫爱情的美丽想象，引发的不过是对于浪漫爱情和贪婪人性的无情讽刺而已。

第一部分与第二部分之间充满巧妙的对应关系。两个部分中间的人物包括人物外貌体态及人物置身的环境都是一致的，如"金色的沙滩""海浪从蓝色的海面上涌出白色的水浪""辽阔的海面""浴场边缘那些灰色的浮桶""一条似乎在水浪里晃动着的机帆船"。这样的风景在第一部分与第二部分中几乎完全一致。两个文本中间都出现了海洋画家霍默和他的画《从峭壁传来的声音》，都出现了矿泉水瓶，甚至在人物之间的对话上也有惊人一致。第二文本中有这样一段话："天空中几只飞翔的海鸥，你看，鸽子。他笑了，那是海鸥。海鸥？她的脸有些发烫⋯⋯"这段话与第一文本也非常相似。两个文本间诸多的相似之处是为了说明第一文本来自第二文本，是对第二文本的扭曲变形。两个文本在相似之外更充满巨大差异，这集中体现在人物关系上，这在上文中已经指出。两个文本之间的相似、差异与互相生发，使其形成巨大张力。对浪漫的"反讽与反仿"就来自文本之间的内在张力。

第一部分与第二部分之间的关系既是互相生发的，又是互相转化的。第一部分的限制视角叙事呈现了女主人公的白日梦，暴露了她隐秘的心灵世界，这样一个世界隐藏于可见的现实世界之下，就与现实世界的关系来说，这一文本可称为潜隐的文本；第二部分是客观叙事下呈现的现实世界，属显性的文本。但若换一角度，就其表现女主人公内在心灵的真实程度而言，第一部分则是显文本，第二部分倒变为潜文本。第一部分女主人公潜意识中假青年画家之手谋杀亲夫，这场谋杀虽然后来发现是虚拟的，但却具有心灵的戏剧性，它非常真实地揭示了女主人公对平淡生活的不满，特别是对庸俗丈夫的极度厌恶。但由于接近病态的浪漫天性导致她的反抗毫无实质内容，因此，其反抗就只能发生在虚拟世界之中。这种反抗的无力感又进一步加强了她对庸俗丈夫的厌恶，最后，她只能在无力杀死丈夫（毫无美学意味、平淡又平凡的现实生活）的情况下选择一种浪漫的姿态来象征性地杀死自己，于是就出现了小说结尾这一段中"把我拖进深深的海底吧，就让我变成一条鱼吧，或者一个细小的微生物，让我潜藏在美丽的珊瑚的表面，歇息"这样浪漫而又抒情的诗一般的语言。联系到两个文本的巨大裂隙所形成的对于浪漫的"反讽与反仿",我们自然会想道:这是否又是对于女主人公浪漫病的一次反讽与反仿?

小说的两个部分在文体上同样经过作者精心处理。第一部分是第三人称限制叙事,一切是在她的潜意识中进行的,属于意识流写法。为了取得意识流效果,作者把人物之间的对话与叙述语言进行无缝对接,叙述语言之后紧接人物对话,把人物对话打乱化入叙述语段之中,每一个人物的对话不再另起一行,甚至有时还省去了"他说""她说"这样的提示语。在人称上,"他"与"你""我"之间随意转换,"他"与"他"所指对象的巧妙转接,等等,都是为达到"意识流"效果。第二部分则严格区分叙述语言与人物对话,人物对话从叙述语言中独立出来,而且,每一个人物的对话分别另起一行,以加强人物对话的戏剧性。这种文体上的处理进一步深化了两个文本之间的异质性。

一篇乡村女人的史诗

——读李佩甫《虫嫂》

《虫嫂》是作者为最低贱的乡村女性"虫嫂"所写的史诗。作者把乡村女性的低贱写到了极致,把乡村女性不可想象的生命力写到极致,同时也把乡村女性的母性写到极致。

虫嫂的命运与鲁迅《颓败线的颤动》中的母亲很相似。李佩甫通过虫嫂的命运,探讨了乡村女性陷入悖论的悲剧性处境:生存与犯罪、养育与伤害、眷爱与弃绝,有陀思妥耶夫斯基灵魂拷问的意味。

《虫嫂》与李佩甫以往小说一样,有着乡村与城市对立、并峙的框架。作者的乡村叙事传承鲁迅基因,乡村看客形象与鲁迅国民性发现有异曲同工之处,而对乡村人性中阴郁、乖戾之气(阴狠、阴鸷、毒气、恶意)的探讨,则是其独创之处。

《虫嫂》是一篇使人流泪的小说。笔者不讳言自己阅读中就流了几次泪。这样的阅读经历似乎已经很久没有了。这是因为小说的乡村叙事引起了同为"乡下人"的笔者共鸣。我为虫嫂这个低贱到底的乡村女人流泪,为乡村看客的麻木流泪,为作者满含泥土味的乡村叙事流泪,为作者犀利、深刻的乡村洞察流泪。沈从文先生与废名先生一类牧歌式的乡村故事,可能不乏某种程度历史的真实性、道德的合理性与艺术的审美性,但李佩甫的乡村叙事,不但消解掉了田园悠闲与人性纯朴,而且颠覆了革命文学传统的阶级对立,显示出乡村真实、赤裸的一面,更能震撼人、打动人。

小说是一篇叙述乡村最低贱女性"虫嫂"生平的伟大史诗。作者首先采用传统比兴手法,以平原上各种不起眼的花儿的描述引起虫嫂故事。虫嫂的绰号——"小虫窝窝蛋"是平原上最低贱的一种花,虫嫂有这种花的低贱,又有这种花顽强到令人惊奇的生命力。虫嫂由于个子矮(俗称"小人国"),嫁给瘸腿的废人丈夫老拐,组合成一家庭。在那个时代,一般家庭生存下来尚且不易,像虫嫂这样的家庭要生存,尤其艰难,而当这样的家庭有了三个孩子之后,生存本身就成为问题。在如何艰辛也无法填饱家里四张嘴之后,虫嫂开始"偷"。小说写虫嫂的偷窃,有许多神来之笔,下面是一例:

> ……夜晚就像是虫嫂的节日。一到晚上她就异常的兴奋。她那小小的身量隐在夜幕里,有时拿着一把小铲,有时还拖着一个麻袋,在无边的田野里,凡是能拿的,她都背回家去。有人说,她真是土命。连土地爷都佑她。那无边的褐土地就是她的依托,田野就是她的衣裳。连那些草儿、虫儿、杂棵子都会给她以庇护。只要一进地里,花花眼,就不见了。……
>
> 在田野里,虫嫂就是一个魔,一个具有神性的偷儿。她在田野里如鱼得水,青纱帐给了她充分的庇护和自由。一年四季,什么下来她偷什么。……①

为了孩子,为了维持最低生存,"偷"几乎成了虫嫂不得不选择的生活方式;虫嫂不但选择了偷的生活方式,而且,她还必须选择由此而来的"惩罚",被一次次游街,被一次次展览、示众、羞辱、戏耍:

> 搞"运动"的时候,虫嫂还多次游过街。大队治保主任押着她,脖子里挂着玉米,还有偷来的蒜和辣椒,甚至白菜萝卜,红红白白,一串一串的,像是戴了项链似的……治保主任在前边敲着锣,她在后边走,小短腿罗圈着,从东到西,再从南到北,一个十字街都走遍了,惹了很多人跟着看……人们说,虫嫂的脸皮比城墙拐弯还厚呢。还有

---

① 李佩甫:《虫嫂》,《东京文学》2012 年 6 月刊。文中引文皆出自该文,不再一一注明。

人说，这是虫嫂，要是换了人，非上吊不可！

乡村社会，"人要脸，树要皮"。"脸面"是人活下来的全部价值和意义之所在。然而，在虫嫂这里，脸面已成为无法讲究的东西，因为在脸面与家庭、孩子的生存之间，她只能选择后者。为了孩子，虫嫂完全献出自己，无耻到极点，先是去偷；在偷还无法达到最低的生存要求之后，又继之以"卖"，向所有有"权"、有"利"的乡村男人敞开，卖掉女人所仅有的贞操，成为乡村中最让人看不起的女人。虫嫂的行为终于招致村中所有女性的嫉妒与仇恨，得到女性群体的一致唾弃与残酷惩治。可以说，不管是开始的"偷"，还是后来的"卖"，虫嫂皆是不得已而为之。为了孩子，虫嫂爆发出一个女人全部的生命强力，这强力其实不仅体现在她的"偷"与"卖"，而且还体现在对于所遭遇到的无情戏弄与残酷折磨的态度上。从虫嫂身上，作者把女性的生命强力挖掘到极致，从而，也把母爱的伟大渲染到了极致。

小说不但写出乡村女性在乡村政治中所面临的艰难困苦，只有牺牲掉脸面与贞操才能生存的严酷事实，而且，还进一步凸显了乡村女性在乡村社会中所陷入的悖论性的悲剧处境。虫嫂为养育三个孩子，不得不牺牲掉最宝贵的脸面与贞操，然而，她的牺牲恰恰因违背乡村道德，而招致乡村社会的唾弃与放逐，因此，她的牺牲在带给丈夫、孩子食物（物质层面的生存）的同时，又给他们精神带来难以愈合的创伤。虫嫂的出轨直接伤害了丈夫老拐："老拐腿上有疮，心上也有疮。也许，他憋屈的太久了。人们的耻笑声一起在他心里藏着、捂着。在日子里，他心里存了太久的恶意和毒气。"虫嫂的坏名声和乡村社会的一致唾弃与嘲弄，伤害最深的则是她的孩子们，——虫嫂因与村中男人乱搞关系而被女人们毒打，她自己的孩子非但不同情，反而"诅咒"：

三个国，一个五岁，一个七岁，一个十岁，大国眼最毒，那眼里全是蚂蚁。他时常站在院子里，恶狠狠地说：……死去！咋不死呢！也不知说谁。只是，从此以后，没有一个孩子再喊妈了。谁也不喊，该叫她的时候，实在拗不过去了，就"哎"一声。

母亲为孩子完全牺牲自己,然而在孩子眼中,却已经失掉做母亲的资格,并遭到他们的诅咒与放逐——人间似乎没有比这更悲凉的事了。虫嫂为孩子的生存,积蓄、含纳、包容了太多的乡村毒素,而这乡村毒素又不可避免地作为"遗产"而为无辜的孩子所继承:"大国是不想再看村人的目光了。是啊,我们都生活在别人的目光里,大国一定是在村人的目光里看到了什么。他早就想离开村子了。他一分钟也不想多停。"低贱的生活与得到这种生活的过高代价与成本,在孩子们幼小的心灵埋下过多仇恨与毒气,导致他(她)们对母亲的诅咒与羞愧,对乡村的弃绝与疏离,这也为虫嫂最后的死埋下伏笔——她的死其实就源于孩子们的冷漠与自私。虫嫂与鲁迅《颓败线的颤动》中母亲的命运很相似,不过,她临死之前应没有"眷念与决绝,爱抚与复仇,养育与歼除,祝福与诅咒……"的复杂纠缠,因为她只是"虫嫂",一个普普通通却母性十足的乡村女性。

不但虫嫂形象与鲁迅《颓败线的颤动》中的母亲形象相似,其他方面,李佩甫小说也传承有鲁迅基因,如对乡村看客形象的塑造,对第一人称叙事的巧妙运用等。《虫嫂》中乡村人作为群体形象出现时,往往是一群看客,从对别人(弱者中的弱者)痛苦的赏玩中来求得开心与娱乐。小说写虫嫂做贼后被展览、示众,周围村民却从中取乐:

  此后人们也就习惯了。一天劳动下来,很累,在村口上拿虫嫂逗逗趣儿,人们很快活。于是虫嫂就成了人们日子里的"盐"。日子很苦,人们还是笑嘻嘻的,有盐。

虫嫂成为人们生活中的"盐",成为取笑与逗乐的对象,在村民眼中,这几乎成为她存在的全部价值。当虫嫂被村中大群女性毒打、折磨时,村中男性观赏这一风景,竟无一人站出来加以阻止:

  在我的记忆里,这是我见识过的、女人群体性的第二次发狠。没有一个人同情她。也没有一个人出来救她。男人们都躲在短墙的后边,偷看一个光肚儿女人在场院里奔跑的情景。也有的慌忙找来梯子,爬上树杈，为的是看得更清楚一些……坦白地说，我也一样。

我必须承认，那时候，我无比快活。我抢先爬上了场院边一棵老柳树，骑在树上看风景：我看见虫嫂赤条条地在雨地里奔跑着。……

与鲁迅小说一样，小说采用第一人称叙事，这是为了更好呈现看客与被看者的关系；第一人称叙事中叙事者对自身的反观与自审，与鲁迅也非常相似。不过，李佩甫对乡村看客形象的塑造，并不是纯粹模仿鲁迅，而是来自作者深刻的乡村体验与观察，正是基于这一点，李佩甫的乡村叙事在许多方面与鲁迅并不相同，如对乡村人性中阴郁、乖戾之气（阴狠、阴鸷、毒气、恶意）的深入探讨与揭示，这一点主要通过虫嫂大儿子大国的形象体现出来。

大国是虫嫂的骄傲，也是无梁村少有的功成名就之士，然而，就是在这样一位成功人士身上，却积聚着非常浓厚的阴郁、乖戾、阴毒之气。通过对大国形象的塑造，作者探讨了戾气的形成与乡村社会间的关系。戾气虽然源于乡村生活的物质贫困，但更重要的原因则是乡村灵魂的冷酷、麻木与自私。虫嫂处于乡村社会最底层，这样一位无助的女性不但得不到周围人帮助，相反，却受到人们一次次的讪笑、戏弄与侮辱，而且，母亲所受的乡村恶意与冷漠，还延续、传承至孩子身上，大国与弟弟妹妹从小就生活于这样恶意的乡村氛围中，这不能不扭曲其心灵。因此，大国是带着对母亲的诅咒、对周围人的仇恨而开始生活的，这种无法发泄的仇恨日积月累，就沉积为阴郁、乖戾的怨毒之气。戾气成就了他，使大国"发狠"考上中学、大学，并最终留在了城市，"就此，他断绝了与乡村的一切联系"。戾气也带来人性的异化，使他永远无法以一种健全心态来面对生活，特别是面对养育他的母亲和乡村。他愈要断绝与乡村的联系，愈显示了他与乡村，特别是乡村阴暗面的内在关系。

乡村是李佩甫永远说不厌也说不完的话题，《虫嫂》则是作者为一个最低贱的乡村女人所写的史诗。通过对虫嫂一生故事之讲述，作者代表乡村与所有的乡村儿女，为可敬可怜的、饱受羞辱与伤害的乡村母亲，做出了诚挚的忏悔与赎罪。

老张斌《绝唱（或曰梦境）》的诗化色彩

老张斌对小说文体或者说艺术形式有着刻意的细心经营，但你感觉到的却是自然。

老张斌似乎并不重视故事的演绎，他更重视个体对外在世界的生命感知。

老张斌以写诗的态度来写小说，人物是诗的，情境是诗的，氛围是诗的，最根本的是，小说的语言是诗的。

读过他的《绝唱》，不由自主写下一句话：写小说就是写语言。

我得承认自己的鄙陋，在这之前并不知道老张斌是何许人，但读了他的短篇小说《绝唱》，我自诩已经了解了他这个人，且非常喜欢他的小说。

《绝唱》的故事性很淡，淡到似有若无的程度。小说采用第一人称叙事，主人公"我"是一位年龄在六七岁左右的小男孩，上小学一年级，小说聚焦于他眼中的世界，他对生命的感知。其中，最主要的是他对两个女孩"改"和"一杯"的喜欢，小说侧重写了一杯生病后他对她的挂念与担忧，一杯走后他的失落与失望，最后以"我"所做的奇怪的梦结束。小说写的是六七岁小孩眼中的世界，因此，一切皆带上了朦胧色彩，"我"的初恋，更具有隐隐约约、难以言说的特点，一切皆染上梦的迷离色彩，小说的另一题目为《梦境》，应该与这种梦的色彩有关。

视角决定一切。老张斌采用儿童视角，自有他的用意。在儿童眼里，世界的一切都是新鲜的，一切的发生似乎都是第一次，初恋的感觉更为刻骨铭心。因此，作者选用儿童视角，目的是为了表达个体对于世界（他所在的乡村）最初的生命感知。世界的一切在"我"眼中，都是新鲜、具体的，引起人的无穷兴味，值得细加探究与关注，一切事物皆有声音、有气味、有色彩，是可感可触的直接现实。作者写出了"我"听到的各种声音，如母鸡下蛋之后的叫声，静得出奇的院中突然响起的各种虫鸣声，燕居中母燕喂小燕子的"呷呷"声；各种触觉，如刚下的鸡蛋握在手中热乎乎的感觉，后院树下潮乎乎的地面；各种色彩，如二姐打的像拼贴画一样的袼褙，蝈蝈淡紫色的翅膀与翠绿色的身子，大姐衣服淋雨后由浅蓝到深蓝的颜色变化；各种气味，如枣花与槐花的气味，指甲盖儿中泥的味道；各种映象，如风与日光中一杯头发光影的各种变化，大雨中院子地面上的水泡、碎草与鸡毛；作者还写出了儿童眼中世界的神秘，如南园的大杨树以及蚂蚁、树叶、风、云彩等等，一切都有自己的秘密。所有这一切声、色、触、味的呈现，皆是通过儿童"我"的视角，唤醒了我们对于生命的感知与体验。而贯穿于这一切感官的诗意描写的，则是"我"的朦胧的性意识的萌发，那种最初最纯真的对于异性的美的欣赏与爱恋。小说写"我"喜欢改和一杯，"她俩都有那种让人（让我）着迷的红脸蛋儿和好听（闻）的花草香味儿"。一杯爱和"我"坐房顶上画画儿、聊天，这时，小说详细写了"我"眼中的一杯：

> 一杯的头发，那种齐耳短发最赏心悦目。风从远方来，悄悄地，像小偷，抚弄着她的（也是我的）头发，痒丝丝的。头发在她面颊上画着优美的图画：苇子，水纹儿，蝉鸣，蝶须，无所不画，无所不能画，天下万事万物，想画谁画谁。风是万能中的万能。头发是它之最爱。还有日光，从大枣树不成体统的枝叶间折回，染了一层漫漫的绿色，给一杯围了一条漂亮的围脖儿，配合她的白地红花偏襟小袄儿，十分适宜。①

小说中，居于"我"的意识中心的，是对于一杯的秘密的爱恋。当得知一杯得病后，"我"挂念病中的一杯而魂不守舍，心不在焉，最后，从给一杯画符治病的父亲那里得知一杯病重，准备远赴唐山治病，很可能回不

---

① 老张斌：《梦境》，《东京文学》2012年1月刊。文中所引皆出自该文，不再一一注明。

来了,"我感到有个啥东西往我头上猛地砸了一下,立马就晕了"。从哥哥臭儿那里得到一杯的画本,当"我"满怀希望,想知道这个画本是否是一杯特意送给"我"的时候,得到的却是完全否定的回答,"像一盆凉水泼到我头上身上,我浑身冰凉,凉透了心"。其实一杯和"我"之间本没有任何秘密,她与臭儿之间也没有任何秘密,所谓的秘密不过是"我"的一厢情愿与自作多情而已。这种对于异性的自作多情,对于异性的难以明言的隐秘情感,象征着"我"对于世界的最初的"梦",在每个人的生命史册里,都是弥足珍贵的一笔财富。作者敏锐把捉到了这一点,以它为线索,把"我"对于世界诗意的生命体验,像珠串一样穿在了一起。

《绝唱》对个体生命感知的描写,最终是由具象化的语言得以呈现的。语言是个体与世界之间沟通、对话、交往的直接通道,从这个意义上说,好的语言必须是具象的语言,而且也唯有直观与具象才构成语言的诗性特质。在语言的发展过程之中,具象化与抽象化是一对矛盾。文学作为语言的艺术,其重要职责,就是要不断发展语言的具象性与鲜活性,以对抗日益加剧的科学化、逻辑化、抽象化对语言的侵蚀。作者明确意识到了这一点,他的小说,通过采用方言、拟声、比喻等多种手段,使语言有了温度、湿度和色度,有了色、香、味,满溢着泥土的芳香,语言成为个体与生命现实直接交往的通道和桥梁。小说有选择性地使用了一些方言,如"知不道"(不知道)、"打"(摔)、"挨说"(批评)、"听"(闻),这些词的使用,加强了语言的乡土气息和个性特征。与普通话相比,方言是一种更具个性与活力的语言,因此,有探索意识的作家,总喜欢通过对方言的适度运用,来增强语言的现实感与鲜活感,而通常所说的用方言来增强人物的个性,还只是方言使用中较为次要的一个方面。为增加语言的活性,作者还有意识使用了许多拟声词,小说第一句话就是"咯咯打……咯咯打……咯咯咯咯打……"的一组拟声词,可谓先声夺人。下面又使用了"知了——知了——""唧儿——唧儿——""啧,啧,啧""吱,吱,吱,呼呼呼呼……"等拟声词。作者对声音的感受能力极强,看他对声音的描写:

声音。很细很细的声音,像毛毛雨,在空气中飘来飘去,淋到我脸上，有一种凉丝丝的感觉——吱，吱，吱，呷呷呷呷……

声音像毛毛雨，被赋予了凉丝丝的质地，抽象的声音一下子生动起来。《绝唱》语言的活性还体现在对外在世界光影的描写，如写二姐打袼褙：

打袼褙，就是把做衣服剩下的布头儿从一个大包袱里抖落出来（同时也把里面的宝贝都放了出来，它们欢天喜地载歌载舞在日光下，一片金色的雾），翠儿捂着鼻子用手扇了一会儿呛得直咳嗽。

写二姐翠儿的笑：

翠儿抬头看我一眼，笑眯眯的，她的眼睛像月牙儿弯弯着，晶亮晶亮。光线在她眼仁上荡了一会儿秋千就跳到她耳朵垂儿上去了，在那儿打着滴溜儿。

作者对大千世界的一切有着同情与爱，故能把一些细微的感受写出来：

蛋在我手里轻微地呼吸着，像脉搏在跳荡。我手心浸出细小的汗珠儿。

"蛋"即世界，对蛋的感受有多细，说明作家对世界的感受就有多细。

小说中还写出"我"对大自然气味的感受，其他如各种触觉、味觉，都写得极为细致。作者对世界的爱与兴趣构成了细致的感受力，最终化为鲜活、有生命的可感可触可嗅的语言。

小说的写法多种多样，有的小说对故事的呈现似乎是透明的，我们读时直接进入故事，读过之后只记得其中的故事或人物，得了鱼就忘了筌，小说的语言并没有给我们留下什么特殊的印象。但读老张斌的小说，比如《绝唱》，你在欣赏其中的人物与故事的同时，又不得不流连于小说的语言，小说对人物与事件的演示，同时也是对语言的演示，没有语言就没有了一切。

是否可以这样说：老张斌的小说，在语言上与废名、萧红、汪曾祺同属一路，他们皆能挑逗起你的语言兴味，唤醒你的语感，使你认识到作为个体的生命存在。当然，老张斌已形成了自己的语言个性，与上述作家并不相同。

《绝唱》的诗化色彩，还体现在它的深层结构上，这一点与儿童视角的选用也有一定关系。儿童对于世界的感知，偏于空间型而非时间型，即儿童对于空间的感知能力要远远强于对时间的感知能力，这一点决定了小说的故事不是直线推进型而是回环往复型的。小说的叙事没有遵循明确的时间发展线索，没有通过故事的直线推进给读者一种时间感，而是采用第一人称视角，反复渲染了外在世界给予"我"的各种感官印象，如大杨树给"我"的印象，正在干活的二姐翠儿给"我"的印象，院子里的多种声音，燕子喂食的声音，大雨如注的情景，等等，各种感官印象叠加在一起，似乎并无必然的逻辑关联，共同聚合为一种空间结构。这种结构在本质上也是诗性的，与语言的诗性构成呼应，相得益彰。

时代的政治叙事诗

——南丁小说《旗》阅读札记

南丁小说有着强烈的时代性,紧贴时代政治、感应人民心声,是对特定时代("十七年"、"文革")政治生活生动、快速的艺术反映。

南丁小说取材多样,但最有特色、成就最高者当数农村题材。南丁的乡村叙事属于"大叙事"——不同小说中的小乡村皆是"大中国"的一个缩影,二者之间具有高度的同质、同构性。他以农村生活为切入点,但意不在乡村,而是由乡村一角农民生活、感情的刻画,命运的变迁,形象的塑造,来表现中国时代政治的变化。

南丁热爱乡村,熟悉乡村,了解农民,他的乡村小说具有较高的艺术性,塑造了不少可亲可爱、令人难忘的农民形象,叙事方式多样,语言幽默生动,富有乡土气息。

南丁小说可称为"时代的政治叙事诗"。他的作品,有着强烈的时代性、政治性,紧贴时代、感应时代,是对特定时代政治生活生动、快速的艺术反映,短篇小说《旗》就是一典型例证。小说构思精巧,以伏牛山深处一小山村核桃沟高级社由"白旗"到"黑旗"再到"红旗"的荣誉变迁,反映了1958年至1978年20年间中国时代的深刻变化。小说分上篇、下篇、尾声三部分。三部分选择三个不同时间节点来写。上篇写1958年,在大干快上的"大跃进"时代氛围中,核桃沟高级社支部书记王明川等人,能够保持冷静与理性,没有响应上级"反右倾,拔白旗,鼓干劲,放卫星"的口号,被惩罚性地授予一面"白旗";下篇写1976年,由于王明川带领大家大力发展生产、改善百姓生活,核桃沟被授予一面"全面复辟资本主义"的"黑旗";尾声写1978年,党的好政策回来,核桃沟得到平反昭雪,被称作是"真正高举毛主席的红旗的,实事求是的红旗、多快好省地建设社会主义的红旗"。

  第一,小说的时代性体现在它严格遵循现实主义的时间限定与内在逻辑,作品中出现的时间节点1958年、1976年、1978年皆是真实的历史时间,没有任何虚构成分,所反映的历史事件也是真实的历史事件。而且,更重要的是,对这三个时间节点的选择、叙述与把握,是为了对那个特定时代("大跃进"、"文革")的本质做出抽象与概括,这一点是通过小说主人公王明川的一句话得到揭示的:"如今的事,要颠倒着看,红的就是黑的,黑的就是红的。毒草就是香花,香花就是毒草。革命派是走资本主义道路的,走资派是干社会主义革命的。"① 小说题目"旗"就是通过核桃沟走真正社会主义的"红旗"道路却被授予"黑旗"和"白旗",来批判那个颠倒的时代,又通过核桃沟最终被授予一面"大红旗"来歌颂党的好政策终于回归,共产党领导的前途光明。第二,南丁小说中所出现的时间节点,大部分明确、准确、具体且难以置换,如《旗》中的时间"1958年麦收罢""1976年麦收罢""1978年麦收罢"等,皆非常具体、清楚、准确,一点不含糊,而且,不能随意变动为其他的时间节点,有时稍微前移或后移几个月,时间节点的内在含义就会发生截然不同的变化。这种时间限定的准确、具体,是为社会主义现实主义的真实性服务的。第三,南丁小说中所出现的时间节点,具有强烈的政治性、意义指涉性与意识形态色彩。《旗》中的"1958年麦收罢"指涉的是全国性的"大跃进"运动,"1976年麦收罢"指涉的是全国范围的反资本主义的割尾巴运动,"1978年麦收罢"指涉党中央十一届三中全会召开后全国一片欣欣向荣的大好政治形势。南丁的其他小说如《尾巴》的第一句话就是"公元一千九百七十六年夏季的白果树村",这里的时间与反资本主义的割尾巴运动有关。小说结尾时间为"1979年春",这里的"春天"既是物理时间,同时也具有强烈的政治隐喻,指涉党的好政策所带来的光明前途。第四,南丁小说的内在结构

---

① 南丁:《旗》,载《东京文学》2012年7月刊。文中所引皆出自该文,不再一一注明。

往往也按照现实主义的时间发展逻辑与审美要求而展开。如《旗》的上下篇、尾声的设置,按照三个时间段依次展开,由黑暗到光明的时间顺序与逻辑顺序,揭示了历史发展规律,符合社会主义现实主义的内在要求。另一篇小说《尾巴》也是按照时间顺序展开的,而第十五节"光明的尾巴"不但与题目相呼应,而且隐喻光明的到来。可以说,由黑暗到"光明的尾巴"的逻辑顺序构成南丁小说时间设置与结构安排的内在特点。第五,南丁小说强烈的时代性还体现在作家对时代的同步反映上。南丁小说对时代政治的反映几乎是完全同步的。《旗》表现的时代为1958年麦收之后到1978年麦收之后的20年,而小说写于1978年12月21日,距小说中表现的"1978年麦收罢"仅几个月,可称得上是对时代的同步反映。其他小说如《尾巴》,反映的是"1976年夏季"到"1979年春天"中国农村政治气候的变化,而小说写作时间为"1979—1980",对时代的反映同样是同步的。这种对时代政治、生活的同步跟进与反映,说明作者有着高度的历史意识与政治意识,他把自己看作是"时代的记录员与批判者",密切关注时代的发展动向,并进行快速、生动的艺术反映。

对于时代、政治,南丁有着政治家的敏锐把捉和历史学家的责任意识,这使他的小说具有强烈的时代性,同时,也使他的乡村小说成为"大说",成为"乡村大叙事"。南丁的小说取材并不止于乡村,但写得最多、最有特色、成就最高者还是乡村题材。南丁虽然以乡村生活为切入点,但他意不在乡村,而是由"乡村政治"入手来表现"中国政治",由乡村一角农民生活、感情的刻绘,命运的变迁,形象的塑造,来表现中国时代政治的变化。因而,南丁不同小说中的小乡村皆是"大中国"的一个缩影,二者之间具有高度的同质、同构性。《旗》选取的表现对象——伏牛山深处的小山村核桃沟高级社,很小。作者选取核桃沟高级社不同时期被授予的三面旗帜,深刻表现了整个中国时代政治的本质和巨大变迁。在作者眼里,小乡村"核桃沟"虽小,但却是中国政治的晴雨表,从中可折射出整个中国的时代变化。为此,作者在选取乡村作为生活表现的切入口时,很注意对特殊场景的选择与提炼。由于小说主题的高度政治性,为此,作者选择"会议"作为表现核桃沟的最佳窗口。1958年王明川等人被召集到区委开"粮食元帅升帐大会",1976年王明川带领农民在核桃沟礼堂开读报会进行检讨,1978年王明川在自家院里的一棵枣树下为四级领导开汇报会。不同时期的三场会,各有不同特点,但通过这三场会,就把核桃沟这个小乡村与中国不同时期大的政治格局的紧密相关性,表现出来。南丁的其他小说,如《打柴记》,选择家庭场景,通过对农村模范人物的塑造,来表现"建设新农村"的时代主题;《尾巴》选择四世同堂的家庭日常生活场景,揭示了"割资本主义尾巴运动"反人民性的反动本质;《山上的小屋》通过护林员杨春老汉一生命运的变迁,来表现中国农村的历史变革;《山中速写二题》中《喜盈门》通过选取交通不便的小山村第一次放电影所带来的巨大喜悦,来表现农村生活的变化;《婚礼》选择一场别致的乡村婚礼,来表现山村的新风尚、新气息。总之,南丁小说中的乡村与中国的时代、政治是高度同质、同构的。这种高度的同质、同构一方面源于特定时代,政治、意识形态、文学观念对作家思想的控制与规训,一方面也来自特定时代,整个中国社会,从乡村到城市,政治、经济、思想高度一体化所带来的高度同质化的社会现实。

南丁小说的乡村叙事,在思想指向上,带有鲜明时代印记,以乡村一隅之事,来表现中国时代政治之巨变;在艺术上,南丁小说的乡村叙事,也具有自己的独特风格:每篇小说总能塑造出几个立体、生动、令人难忘的人物形象,人物语言幽默,富于口语化,带有浓郁乡土气息。《旗》中出现的几个人物形象,各有其个性,都很鲜明、生动,如核桃沟高级社支部书记王明川精明、大胆、机智、幽默,社长张山胆小、憨厚、老实,区委书记李四海"左"倾冒进,沟西社支书武千岭见风使舵、讨好上级,都给读者留下很深印象。这些形象之外,笔者认为,还有一位人物,很值得注意,那就是王明川的妻子陈金兰。陈金兰不是小说的主要人物,在小说中只短暂出现过三次,有时一笔带过,有时稍纵即逝,但这个形象却给笔者留下很深印象。陈金兰为次要人物,但作者对她的塑造却非常经心,具体表现在:这个人物虽只出场三次,但每次出场都很出彩,皆有神来之笔。陈金兰第一次出现在小说"上篇"中。由于王明川坚持真理,没有响应上级"放卫星"的号召,作为惩罚,核桃沟被授予一面"白旗"。上篇结尾,作者写道:"回到核桃沟之后,有一事可记,那就是王明川的婆娘陈金兰把那面领来的白旗垫了鞋底。"轻轻一笔,却构成对"左"倾思想的深刻讽刺。陈金兰第二次出现于小说下篇的结尾。核桃沟被授予黑旗后,陈金兰问丈夫是否拿到"奖"即那面黑旗,因为她想用这面小黑旗对付着给丈夫补补鞋帮,在她眼里,"白旗黑旗,不就是鞋底鞋帮的材料,还能做啥?"这无疑又体现出百姓(民间)对"左"倾政治、思想的巨大讽刺、批判与嘲弄。陈金兰第三次出现于尾声。汇报会上,省委书记让王明川在大会上,好好讲一讲他们的经验。对此,精明的王明川,却腼腆得语无伦次起来:"这经验,会有啥经验……"以下,作者写道:

> 突然从灶屋里杀出来个陈金兰,嚷着:
> "啥经验?不就多亏那时候当了白旗,当了黑旗吗?"
> 花白头发的省委书记情不自禁地爽朗大笑起来,一边笑着,一边夸赞:
> "真精彩,真简练,一句话就顶我啰嗦了半天哟。"
> "突然从灶屋里杀出来个陈金兰"一句,当为全文不可多得的神来之笔,精彩!一个姿态、一句话,就把一泼辣、大胆、心直口快的农村妇女形象,栩栩如生呈现出来。

由于长期生活于农村,南丁熟悉农民、了解农民,所以,他能塑造出生动形象、可亲可爱的农民形象。南丁很熟悉农民的语言,因此,在塑造人物形象时,他很注意有选择性地运用一些富有乡土气息的方言俗语,这对刻画人物形象,具有不可替代的作用。这样的方言俗语在《旗》中大量出现,如"隔河弹花,不沾毯弦""鳖娃""人嘴两张皮,随便吹牛皮""圪蹴""说到做到,不放空炮""火车不是推的,牛皮不是吹的""鼻子插葱,装象""啥号样""闹""下官会种田,前程不作难""稀罕",等等。这些大量方言土语的运用,使小说的人物语言包括部分叙事语言显得幽默、生动,富有个性。"十七年"以及其后的"文革",处于政治、经济、思想、文化各方面愈来愈一体化、同质化的时期,而难以规训的方言俗语,则对这种同质化、一体化的倾向，构成某种对抗。南丁所呈现的乡村叙事，是对主流意识形态的回应和呼应，但他笔下的方言俗语，却以难以规训的面目出现，构成了一道道独特风景，这也许是我们现在还要再读、细品他的小说的深层原因。

为匠人塑像

——读田中禾《木匠之死》

小说《木匠之死》塑造了一个令人过目难忘的木匠形象。他对自身手艺的骄傲，对技艺的精益求精，与他及其家人生存的艰难，与他性格的分裂与异化，形成了巨大的反差和对照。他最终以死抗争并为己赎罪，维护了人之为人的尊严。

田中禾笔下，木匠身份以及技艺与生活二者的关系，一方面具有非常写实的色彩；另一方面，由于作者对外祖父这一形象塑造的深刻性、典型性与概括性，这一形象又超越了匠人的具体所指，具有极强的隐喻性与扩散性。

小说采用第一人称叙事，以"我"回忆外祖父（木匠）的口吻进行。外祖父一家的生活及外祖父的事迹构成了"我"的家史的一部分，而"我"的家史也因与历史的紧密相关性，成为了历史的一部分。家史即历史。

田中禾《木匠之死》是其长篇小说《十七岁》的片断。小说采用第一人称叙事，以"我"的口吻回忆"外祖父"的一生。外祖父是一位手艺高超的木匠，曾经风光无限，外祖母和舅母因此干上了卖馒头的营生，随后又买了一头毛驴，一家人的生活有了向好的兆头。然而，天不遂人愿。蝗灾导致粮食涨价，馒头生意越来越清淡，外祖父也没有了活干。无奈之下，他只好听从外祖母提议，由做嫁妆而改为做棺材。正当外祖父用辛辛苦苦买来的桐木，做好第一口棺材时，李老杠带着土匪洗劫了县城，南阁街的外祖父家当然也受到了土匪的"眷顾"。当外祖母和舅母为土匪蒸好馍、煮熟了鸡之时，剿匪的四十七军又进了城，赶跑了土匪。为了埋葬为剿匪牺牲的连长，外祖父做好的棺材被抬走，而他得到的却只是无法兑换的米票。暴怒之下，外祖父打了外祖母，挖了连长坟墓，再次把棺材抬了回来，但却因此而中邪，毫无来由地打人骂人。家中小毛驴的丢失，使外祖父赶走了小舅与大舅，最终导致了他吞食鸦片而死——死前，他把唯一的被子当出，买了鸦片，离开时，什么也没留给这个世界。当了一生木匠的外祖父，终于没能享用棺木。而母亲则以为外祖母买头驴为条件，嫁给了"我"的父亲。

小说精彩之处，在于塑造了一位令人过目难忘的木匠形象。外祖父是一位技艺高超的木匠。为表现这点，小说首先写了外祖父一生引以为傲的两件东西：一件是他额上的伤疤，为其勤奋而又艰辛的学徒生活之证明；一件是他短缺一截手指的左手，为其引以为傲的匠人生活及一生最风光时光的证明。作者借两样物件，把一位执着学艺且技艺高超的匠人形象，巧妙呈现在了读者眼前。外祖父辛苦学艺且学有所成，其一手雕花技艺尤其了得。作为匠人，外祖父最风光的一次，莫过于为曲老八的女儿做嫁妆。他做的嫁妆，排满了一条街，引来了无数人的围观和啧啧称赏，也使他本人获得了极大精神满足。外祖父是一位真正的匠人或者说手艺人，有着手艺人所应有的对于技艺的敬重、执着、细致和耐心。他不但视技艺为衣食父母，而且视技艺为生命。木工技艺对于他，不但意味着赖以谋生的手段，且成为其人生价值得以实现的载体。与南阁街其他行业的匠人一样，外祖父有着一般手艺人的偏狭和自私："这些手艺人很看重自己的饭碗，他们对和蔼可亲的表情有着天生的警觉，为了提防别人从自己那儿窥走什么，他们认定天下决不会有人无缘无故地向你微笑。"但这种偏狭正出于对技艺的挚爱和重视。为了技艺，虽砍掉一截手指，外祖父也能温雅一笑，淡然处之；当其精湛技艺得到人们称赏，更是感到非常荣耀，"有了这份荣耀，损失一小截手指又算得了什么？像两个舅舅那样终日游手好闲，抽大烟、串赌场，手指再完好又有什么用？"可见，为了技艺，外祖父失去了身体的完整，但却收获了精神的富足与自我感觉的圆满。

作者在生动呈现外祖父对于技艺的情感与其技艺的精湛外，又深入揭示了生活给外祖父带来的性格分裂与人性缺失。小说中有这样两段话：

我想外祖父在曲八老家肯定不像在南阁街那样阴郁、粗鲁。其实南阁街的人都这样，他们在不同的地方有着不同的脾性。——这是南阁街和牌坊街的区别。

　　在外祖母和母亲的传说里，我清楚地感觉到她们是多么喜欢曲八老家的外祖父，那是一个和家中的外祖父完全不同的另一个外祖父，像牌坊街的生意人一样体面、仗义，说话和气、得体，做事正派、周到，由于勤劳和谦恭，深受曲府的赞赏。①

作者细致展示了外祖父性格的两个方面：一方面是曲八老爷家中的外祖父，说话和气、得体，做事正派、周到；一方面是南阁街家中的外祖父，阴郁、粗鲁，有一副不苟言笑的面孔和一对手艺人冷漠的眼睛。前者是生活在劳作之中并为技艺带来的满足所陶醉的外祖父，后者是在生活的竞争中并时时为生活之累所迫压的外祖父。作者不但展示了外祖父分裂的性格，而且为我们深刻揭示了其性格分裂的根源：正是生活的艰辛、生活与技艺间的紧张关系造成了外祖父分裂的性格，一切似乎都可以从这里找到根源。外祖父为了生活而去学习技艺、依赖技艺，技艺于他，不但意味着物质生活的富足，而且意味着人生价值的实现。但技艺并不总能带来生活的富足，经常发生的情况倒是：仅凭技艺，有时连起码的温饱也难以维持。这就造成了技艺之间的残酷竞争，造成了手艺人特有的偏狭与自私，形成了外祖父的两面性格。从这个角度观察，外祖父引以为傲的两件东西，也同样带着"为生活而技艺"的血腥与促迫，少了点"为技艺而生活"的从容与温雅。

仅凭技艺难以谋生，技艺与生活之间形成了难以解决的紧张关系；而外祖父却视技艺为生命，在艰窘生活与其技艺信仰之间，形成了难以排解的紧张关系。两者决定了外祖父匠人生涯的悲剧性实质。随着天灾（蝗灾）与人祸（匪患与兵难）的相伴而来，外祖父"为技艺而生活"已不可能——他已经没有了活干，于是他只能退而求其次，"为生活而技艺"——由

---

① 田中禾：《木匠之死》，《东京文学》2012年3月刊。

做嫁妆改为做棺材。由嫁妆而棺材的改变，并非仅仅是所做东西的改变，它意味着外祖父寄寓在技艺上仅有的一点精神价值的完全丧失。生活与技艺的紧张，造成了外祖父人性的进一步缺失，使他变得更加阴郁与粗暴。然而，随着棺材被以冠冕堂皇的理由抢走，就连"为生活而技艺"的一点点可能性也完全丧失。这点打击造成外祖父性格的失常，导致其人性的变态与疯狂。最终，外祖父为了赎罪以死抗争，维护了技艺的尊严，匠人的尊严，人性的尊严。作者揭示了在生活一步步威压之下，匠人性格分裂与人性变态的全过程，读起来惊心动魄。老木匠的形象，令人过目难忘，根源在此。

作者对木匠形象的塑造，出之以第一人称叙事，以"我"的口吻，回忆作为木匠的外祖父一生的行事，带有为木匠这一行当写史作传的意思。外祖父的具体职业是木匠，但作者的视野其实并没有仅仅局限于木匠这一职业。在他笔下，木匠的身份、形象、性格以及技艺与生活二者的关系，一方面具有写实色彩，有着人物性格的独特性和职业的具体性；另一方面，由于作者对外祖父这一形象塑造的深刻性、典型性与概括性，从而，使这一形象又超越匠人的职业限定，具有极大的隐喻性、象征性与扩散性。笔者看来，外祖父这一木匠形象，其实概括和代表了所有以技艺（手艺、知识、劳作、技能等）为生的人。外祖父性格的双重性，由于技艺与生活二者之间的紧张关系造成的人性的分裂、缺失、失态与变态，未尝不可作为一切特定时代以技艺为生的所谓"艺人"悲剧性命运与性格的缩影与象征。叙述者"我"作为一位后来者，对"外祖父"木匠生涯、性格与行事的追溯，同时也是对其自身的审视与追问。如果这篇采用自传体形式的小说，真正带有作者自身家史的影子，那么，也未尝不可看做是作者本人，作为"艺人"，对先辈的追怀与审视，对先辈与自身关系的追溯与重造。

小说主人公"外祖父"只是一位小小的木匠，但作者却从这位小人物的命运折射出了大历史的真相。小说中外祖父的事迹，是通过"我"的视角而得以呈现的。而"我"的呈现，只能是一种间接的方式。"我"与外祖父之间，远隔着时空距离。因而，"我"对外祖父的认识与感知，多由外祖母和母亲的述说而来。小说叙事语言中，经常会出现"以我的想象""在外祖父留下的传说中""在外祖母和母亲的传说里""按照外祖母的说法"等词语。小说叙述者对外祖父一生行事的叙事，正是由此途径而展开的。这与传统史传的言之凿凿之间形成了鲜明对比。但我们读过小说之后，并不感到这种模糊的叙述语会给人带来事实的不确定感与不真实感。恰恰相反，由此小人物的命运，我们似乎逼近到历史的某一真相，感受了心灵的震撼。之所以能获得这种历史真实感，是由于作者写出了普通老百姓对于劳作的热爱与痴迷，对于技艺的精神寄托；写出了生活与技艺之间的紧张关系，生存对人的压迫；写出了普通人与历史之间的紧密关联。传统史传只着眼于国史，为大人物作传；而现代以来，小说代替史传并高于史传，是因为它不但着眼于国史，且更重视家史，认为只有小人物的生存与感知，才真正构成多元化历史的细节与底部，因而热衷为小人物作传，以小人小事来进入历史。而《木匠之死》就是这样一部以平凡人叙事来呈现历史真实的成功之作。

历史小说的一种写法

——《黄鹭鸟仍在啼叫》阅读札记

《少林美佛陀》是著名作家张一弓的一部长篇小说。《黄鹭鸟仍在啼叫》属小说第四卷，为其最精彩部分。朱树诚先生读过小说后，有如下评价："作者一改自己运用多年驾轻就熟的严谨的现实主义方法，使起浪漫主义的诸般法宝，以丰富奇妙的想象、生动幽默的语言，讲述了一个个美妙神奇色彩斑斓的故事，塑造了跋陀、道房、慧光、小六子、红衣童子等个性鲜明血肉丰满可亲可爱的艺术形象，即使着墨不多的几个过场人物，如太后、皇帝，乃至人格化的动物猴王太子、葵花鹦鹉、斑鸠、黑熊，也都性格鲜明。特别是主人公跋陀，完全称得上是一个光彩照人的有很高思想和艺术价值的艺术形象。"笔者完全认同这个评断。下面，笔者从人物形象、历史与小说之关系两方面，为朱树诚先生的以上评语，做点注释。

小说最成功之处，在塑造了众多个性鲜明的人物形象。跋陀是小说中最主要的人物，也是作者所着力塑造的一个形象。他是少林寺的创办者和第一代住持，所处时代几乎与达摩同时。但与达摩的闻名遐迩相比，跋陀却几乎被人们完全遗忘。不过，作者在有关跋陀的史书及民间传说、野史记载中，分明看到了一位可亲可敬而又不失天真童趣的老人形象。正是这点，成为促发作者创作这部小说的内在动因。与以往小说中出现的高僧形象不同，作者在塑造跋陀形象时，突出了他的智慧、天真、童趣、幽默、仁慈与凡俗。对于习见的高僧形象，这是一次颠覆与解构。作为一代高僧，跋陀并不着意掩饰自己的欲念，小说中有一细节：道房为胡太后吹笛，得到胡太后的赞赏。对于此事，跋陀心中却起了妒意。作为高僧，跋陀不但善解风情,且竟然与自己的徒弟议论"情歌怨曲",过后又后悔自己的胡说乱道。跋陀的所作所为,并不使人感到与高僧的德行有何违碍之处,反显其可爱与率真。跋陀的可爱与率真源于他具有本真之性,这种本真发展到极致,就以"老顽童"的形态呈现,这点体现在跋陀学鸟"咕咕咕咕"的啼叫上。在渲染了跋陀作为老顽童的率真、可爱外,小说又突出了跋陀作为高僧的智慧与仁慈。当胡太后要加害可怜的永泰公主时,跋陀挺身而出,对永泰公主尽力搭救,显示了仁慈的一面;为了搭救永泰公主,他先是布置百鸟歌会,后又通过做佛事对胡太后进行"心理治疗",终于使满含杀心的胡太后放下屠刀,这显示了他智慧的一面。总之,小说对跋陀形象的塑造是颇为成功的,他既是富有智慧与仁心的得道高僧,又是一个不失赤子之心的可爱、率真老顽童。这样的高僧形象,在以往的文学作品中很少出现,是作者的独特创造。

跋陀之外,其他一些较为次要的过场人物,作者也刻意经营,无丝毫懈怠。胡太后是北魏历史上的真实人物,她擅权专政,最后为保有自己的权势,竟毒死亲生子。对于这样一个心狠手辣的女人,作者却能走进其内心深处,写出了作为太后与女人的她在善与恶、正与邪之间复杂的纠缠与斗争。她最终为跋陀的善心和智慧所征服,善战胜了恶,放走了永泰公主。为了揭示人性的复杂性,作者特意设计了胡太后幼年即还是"小阿华"时期放走笼中黄鹭鸟的情节,通过她的"小阿华"时期与成年时期的对比,深刻揭示了权力、欲望、政治对人性的腐蚀和异化。其他一些人物,如六公公的善良仗义而又谨小慎微、小太监麦囤的憨傻可爱、郑俨的阴险狠毒、慧明的大智若愚,都塑造得非常生动。

《少林美佛陀》属于历史小说。在"历史"与"小说"两者关系的处理上,作品做到了既尊重历史又能超越历史。它的成功,为当代历史小说创作提供了一些有益启示。尊重历史,指故事的一些主要人物及其事迹基本来自历史、野史或民间传说。就小说第四卷《黄鹭鸟仍在啼叫》来说,发生在胡太后身上的一些事件,如高皇后对胡太后的迫害,胡太后被刘腾等人所保护,胡太后对高皇后的毒害,胡太后赐绢戏大臣,胡太后与几位情人杨白花、郑俨、元怿之间的淫乱,等等,在史书上确有记载。北魏时期,正是佛教大盛之时,胡太后本人同样信佛、佞佛,因此,虽然跋陀从胡太后手下解救出永泰公主，可能史无记载，但从胡太后对于佛教及僧人的尊崇来看，这样的事情也完全符合历史的逻辑。因此，小说做到了尊重历史。当然，历史小说要做到尊重历史还是远远不够的。《少林美佛陀》的成功，在于作者能超越历史。做到尊重历史，仅仅保证了小说的历史属性；而只有超越历史，才能使历史小说不至于成为历史事件的拼贴与注释；只有超越历史，才能真正复活历史，激活历史的真精神；只有超越历史，才能使小说从历史的附属之下独立出来，找回自己的艺术本性。那么，《少林美佛陀》对于历史的超越体现在哪些方面呢？

首先，把浪漫主义的自由想象引入历史。作者在尊重历史时，不为历史事实所拘，发挥浪漫主义的自由想象，使历史插上想象的翅膀，进入类似童话的理想境界。这种浪漫主义的奇诡想象，在小说第四卷"百鸟歌会"一节有精彩体现。为了唤回胡太后的赤子之心，跋陀突发奇想，让道房吹起木笛，模仿黄鹂鸟与百鸟歌声，引来了百鸟从远处飞来进行表演与歌唱。百鸟的天籁之音，感化了胡太后，使她回归本真之性，最终答应永泰公主入寺为尼。百鸟歌会，纯属子虚乌有，当属作者的大胆想象与创造，而正是这种无拘无束的自由想象与创造，使小说超越了低层次的历史复制。小说的本性在于想象与创造，历史小说的艺术性，应当体现在小说给历史添加未有的新解释新精神，而不在于为已有的历史事实作传作注。

其次，对本真人性的寻找，对人性复杂性的深度揭示。《少林美佛陀》对历史的超越，另一集中体现是人物形象的立体性、鲜明性与生动性，而这离不开作者对人性的关注与探究。历史关注事实与教训，而文学则着重关注事件的主体即人，探究历史中的人性，这是两者之间的根本差异。跋陀作为小说贯穿性的主要人物，读者为这个人物所吸引，主要是因为他身上所体现出的人性的纯朴与本真。他的智慧来自仁慈，而仁慈则源于本真无邪的人性。所谓"真佛只说家常语"，作为得道高僧，跋陀并不掩饰其俗反而坦露其俗，显露其对于情色的不能绝然忘情；真到极处，便道通自然，能与天地对话，与百鸟交流。跋陀这样一个率真可爱的老顽童形象，代表作者对理想本真人性的寻找、向往与宣扬。而胡太后、六公公等形象，则寄寓着作者对人性与权力、政治、欲望、阉割之间复杂关系的探究与思考，对人性异化悲剧的叹惋与悲悯。胡太后性情本自无邪纯真，但由于卷入政治斗争的漩涡中，其纯真本性慢慢被侵蚀、被扭曲、被异化。虽然她被大自然的天籁所陶醉所警醒，被跋陀举办的消灾佛事所感化，最后动了善心，抵挡住了郑俨及其他大臣三番五次的催逼，放走永泰公主，但这不过是瞬间的顿悟而已。她自己也明白"阿华走远了"，童年的纯真再也无法回来。这之后她被政治、权力、欲望的急浪所裹挟而不能自主，愈陷愈深，最后竟发展到亲手毒死自己儿子，同时也把自己推入万劫不复的深渊，成为水下幽魂。对于胡太后这个人物，作者没有简单把她处理成反面角色，而是塑造成悲剧性人物，通过挖掘她身上善的因子，探究了权力、政治与欲望对人性的异化与腐蚀。这种处理，来自作者对人性的深入思考。作者对六公公形象的塑造，同样贯穿着对人性的思考与探究。六公公十四岁时落入人贩子之手，经受了人间最残酷的屈辱与折磨，"净身"入宫做了太监。他要活着，就必须学会自轻自贱，察言观色；学会插科打诨，或装傻充愣。他做过皇帝寝宫的当值太监，须守候在能听见龙床发出声音的地方，倾听那声音是否正常。但龙床上发出的声音也给他带来强烈的心灵震撼，彻底摧毁了他活在这个世上的合理性，"使他知道自己已经被这个世界打入了另册，被自己所属的人类列为异类，是被排斥于这个世界、仅仅为给皇家内宫提供安全服务而被迫取消了性别的一个残缺的生命"。为了找回内心真正的自我，证明自己还是有血性的男人，他选择跳崖而死。这样一个善良而又可悲的太监形象，寄寓了作者对专制与权力阉割人性、扼杀天性的控诉与批判。

张一弓把这部小说称为自己"老年求变"的一个结晶。求新求变是他的一贯作风。他已尝试过多种题材与话语方式，并取得了一次次成功。现在奉献给读者的《少林美佛陀》，对于作者来说，又是一个全新领域，一次新的历险与尝试。

进入文本的多重路径

——野莽《少年与鼠》细读

小说有各种各样的写法,也有各种各样的读法。对于一部相同的小说文本,进入路径不同,看到的可能会是很不相同的风景。野莽小说《少年与鼠》称不上复杂,但就是这样一部单纯的作品,由于阐释角度与进入文本路径不同,其向接受者呈现的面貌也各异。

《少年与鼠》讲述一场人鼠大战的故事。在冲破父亲、大哥和邻居的重重阻挠,经历一次又一次失败之后,十五岁的少年潘二龙终于打死了大老鼠灰皮,为自己母亲报了仇。当然,他自己也为此付出惨重代价:两只耳朵被大哥潘大龙打聋,一只眼睛被老鼠挖掉,被父亲赶出家门,成为无家可归的流浪儿。小说以少年潘二龙准备灭鼠始,以最终成功灭鼠终,叙事的高潮集中在潘二龙与大老鼠灰皮大战的几个场景上。围绕少年与鼠之间斗智斗勇的结构线索,小说把人鼠大战的故事渲染得扣人心弦、惊心动魄,故事性很强,读起来很有兴味。对于这样一部故事性很强的小说,读过后本可一笑置之。因为它并不像某些"隐喻小说"那样,似乎非要逼迫读者从其中找出些高深玄妙的微言大义不可。但当你读过这部小说后,又的的确确会有一点感触,一点余味,感觉作者目的似乎并不仅仅在讲述一个好玩的人鼠大战的通俗故事。也就是说,这样一部情节性很强的"单纯故事"其实并不"单纯"。它拥有丰富的文本结构,存在着多重释义的可能与深度开掘的空间。

人鼠大战的故事首先可以理解为一场正义与邪恶的较量。由此角度理解,这个极为单纯的故事就被赋予了极强的隐喻性。在少年与老鼠灰皮的大战中，少年潘二龙无疑代表正义一方，大老鼠灰皮则代表邪恶一方。大老鼠灰皮带领徒子徒孙，无休止地骚扰侵犯人类（少年潘二龙一家及其周围的三家邻居）的家园，不但侵吞人类食粮，还使潘二龙与母亲无法正常休息和生活，由此而终于引发人与鼠间的战争。这场战争持续时间颇长，从潘二龙的祖父之时就已开始，一直持续到潘二龙还没有休止。小说中潘二龙的父亲与哥哥皆不支持他的灭鼠行动，属于这场战争的"妥协派"，其理由就是在这一场人与鼠的较量中，看不到人能胜出的任何迹象。用潘父的话说："你娘自从嫁过来就和老鼠斗，斗了二三十年，把你爷爷奶奶都斗死了，自己也摔死了，我要不是没心没肺也非得被她折磨死了不可，结果她斗过了吗？斗过了吗？哼！"不但潘二龙父亲、哥哥不同意与鼠为敌，周围邻居面对鼠害虽应对措施各异，但同样持绥靖政策，不愿与鼠宣战。居委会调解大妈的逻辑最奇怪，她甚至认为他们住的胡同名为"老鼠胡同"，说明此地本为鼠所居，因而是人侵犯鼠的领地，而非鼠侵犯人的领地，老鼠对人的骚扰与掠食不过是为了夺得其应得的属于自己的一份而已。鱼贩子则以"老院子都会有老鼠"为由，认为应采取安抚政策，给老鼠死鱼烂虾，使其与人相安无事。基建科科长岳父家则采取独善其身的哲学，只把自己院落弄好，使鼠进不来，至于其他人家为鼠所困，则事不关己。由于潘二龙身边之人皆不支持其灭鼠行动，在这场人鼠大战中，面对经验丰富、狡猾多端的大老鼠灰皮，年仅十五岁的潘二龙明显得势单力孤。而此前潘氏家族在与鼠斗争中连续失败的悲剧性命运，对于这个少年来说，同样形成巨大压力。若从正义与邪恶较量的角度来理解，作者愈渲染潘二龙的势单力孤，愈铺陈他面对的重重困难与阻挠，愈刻画灰皮的狡猾与机智，就愈能表现出少年潘二龙面对强敌所显露出的顽强意志，他最后以巨大牺牲所换来的胜利就显得更加悲壮和崇高。与潘二龙正面、光辉的形象相对照，他的父亲、哥哥及邻居们，则一个个显得猥琐不堪、黯然失色。

这场人鼠大战的故事还可解读为一部少年成长的寓言。小说题目为《少年与鼠》，特意强调了潘二龙的"少年"身份。小说中少年潘二龙一出场，作者就点出他刚刚失去人生重要的领路人——母亲。母亲一生的伟大使命就是"灭鼠"，但她的灭鼠行动与先辈一样，惨遭失败，为此还失去了性命。从这点来说，少年潘二龙的灭鼠行动与决心，无疑来自母亲的英灵与召唤。其灭鼠，不但是为复仇，还是为继承母亲的"遗志"，是沿着爷爷、母亲等先辈指示的路继续前行。因此，潘二龙的灭鼠大战，不单是一场复仇之战，还是一场证明自我的战斗，是一场成为和先辈一样的"大写的人"的"成人礼"。只有从这个角度来理解，我们才可能从更深层次上理解潘二龙的灭鼠行动为什么会显得那么迫切、决绝与执着。只不过，潘二龙借灭鼠来彰显自我、证明自我的成人之路，显得异常艰难与坎坷。在潘二龙的周围，不但有狡猾多端的大老鼠灰皮带领着徒子徒孙，一次次向他发起挑衅和挑战，而且，他还要独自一人，承担起庞大的成人世界对他的误解、责骂与惩罚。真正理解他的母亲已经不在，家中其他亲人包括最亲的父亲、哥哥与潘二龙心灵上并不相通。父亲的爱只是停留于物质层面，并不能抵达灵魂，他甚至认为潘二龙不是自己儿子，因为潘二龙选择了母亲的道路，而放弃了父亲引以为傲的"没心没肺"的生活态度和浑浑噩噩的生命状态。自私的哥哥与嫂嫂则根本不关心弟弟。从家庭角度讲，潘二龙选择母亲未完成的灭鼠之路而义无反顾地展开与鼠的战争，其实就是选择了一种执着的理想主义的人生态度与人生道路，而否定了父亲与哥哥所代表的那种"没心没肺"得过且过的人生态度与生活方式。无怪乎他的选择不但没有得到父亲与哥哥的支持，反而得到了来自他们的一次比一次更加严厉的制裁。家庭之外，少年潘二龙还面临着周围邻居所代表的庞大的成人世界的挤压与敌意。这样的成人世界是一个讲求事不关己高高挂起的自私冷漠的市侩社会，奉行妥协、苟安的混世主义，少年潘二龙在灭鼠之战中显示的毫不含糊、决不妥协的人生理念和穷追猛打、不达目的誓不罢休的战斗精神，无疑对成人世界的现有秩序形成极大挑战。因此，少年潘二龙的灭鼠之战，不但不为父亲、哥哥所认可，而且还遭到周围邻居一致的嘲弄、恐吓与惩罚。家庭、邻居之外，少年潘二龙还面临着教育机构即学校的规训与惩罚。小说中出现的班主任崔老师代表了学校在少年成人之路上所可能扮演的角色。少年潘二龙为灭鼠而逃学，从而损害集体荣誉，而崔老师并不愿意了解潘二龙逃学背后的真正原因，只是试图通过家长使潘二龙乖乖就范，成为一个维护集体荣誉的"好学生"。潘二龙的灭鼠之战，由于违背学校成规，同样不可能得到学校支持。总之，少年潘二龙在争取自立的成人之路中，面对着家庭、邻居、学校所代表的成人世界和外在秩序的重重阻挠与挑战。从这个意义上讲，少年潘二龙灭鼠成功但却失掉两只耳朵、一只眼睛，为家庭和学校所放逐，隐喻了少年成人之路的艰难坎坷与步步惊心。

  人鼠大战的故事还可理解为一曲关于神鼠灰皮的颂歌。以上两种阐释还是囿于人对于鼠（动物世界）的单向立场。如果换个角度，站在鼠（动物）的角度，还可发现一些非常有意思的话题。以上两种解读中，大老鼠灰皮皆是作为人的对立面以反面形象出现的，这也符合中国传统文化中对于鼠的形象的一般定位。但在本篇小说中，由于作者把大老鼠灰皮的形象刻画得异常生动，大老鼠灰皮在与人的战争中所显示的机智灵活、料事如神给读者留下了很深印象。在人鼠之战中，人并没有占到多少便宜，反而是神鼠灰皮处处占得先机。在神鼠灰皮一次次巧妙的进攻之下，邻居们（人类）种种捉襟见肘、滑稽可笑的丑态，令读者忍俊不禁。这也可以看作是作者的一种反向思考，即超越人类视角，从动物（鼠）的角度出发而反观人类，对人类所做的微妙而又辛辣的讽刺。

反讽与隐喻

——读《神仙料理》

《神仙料理》为著名作家张宇作品。小说讲述足球主裁判刘大魁到中州执法,不料一下飞机,却遭到魏经理等人绑架,并被邀请吃"神仙料理"。所谓"神仙料理",就是人肉料理。首先吃的一道菜是凉拌胎丝,肉来自人的胎衣;其次吃的一道菜是"现割生吃活人肉",肉来自魏经理的一条腿。面对魏经理割肉自食的疯狂举动,刘大魁精神彻底崩溃,他准备答应魏经理的一切要求。然而,对方最终提出的要求却令人哭笑不得。原来,魏经理的要求很简单,就是让他在第二天的比赛中秉公执法。刘大魁痛痛快快答应了魏经理的要求:

> 他觉得这次中原执法,真是不虚此行,原来球迷对黑哨已经痛恨到这般地步,这种痛恨让人感到恐怖。同时他也获得了秉公执法的特殊动力,吃着人肉来听球迷批评,确实比听国家足协领导讲话作用大,他开始对明天的比赛充满信心。他决心从自己做起,迫切想要证明自己是一个光明磊落的足球裁判。①

小说很讲究故事的讲法。阅读之中,读者的阅读期待遭遇一次次挑战和颠覆。小说开篇,是对中国足协不正之风和裁判执法不公的大段批评,像是政论,读起来略显沉闷,有悖一般的小说写法。但在反复读后才发现,

---

① 张宇:《神仙料理》,《东京文学》2012年5月刊。

作者的长篇议论，其实是为后面的情节作铺垫。进入真正的故事讲述后，情节上又出现几次大的逆转：刘大魁走出飞机，被鲜花、美女迎上大奔，随即发现自己被绑架，这是第一转；被绑架后，并没遭受虐待，反而受到吃"神仙料理"的高规格待遇，这是第二转；马上发现所谓的"神仙料理"竟然是令人恐怖的"人肉料理"，这是第三转；现割生吃的人肉，本以为取自刘大魁，不料却来自魏经理本人，令人匪夷所思，这是第四转；面对魏经理的"疯狂"举动，刘大魁彻底崩溃，答应为魏经理"吹黑哨"，但得到的却是"秉公执法"的请求，这是最后一转，也是最大的一转，小说的反讽题旨和黑色幽默由此体现。

　　小说叙事对读者阅读期待的一次次颠覆，是为了揭示有关公平的"反讽"题旨：为了使足球裁判做到其本应做到的"秉公执法"，竟然要采用非法的"绑架"手段，请他吃恐怖的"人肉料理"。秉公执法是足球裁判的分内之事，也是其最起码的职业道德，然而，这一点，足球裁判却很难做到。正如文中魏经理所说："你们（足球裁判）啥时候公正过？"面对裁判的一次次"黑哨"，面对社会管理与法律的缺席，为了追求最起码的公平与正义，魏经理的"民间公司"竟采用如此"恐怖"的手段。目的与手段之间的巨大反差与错位，使题旨充满浓厚的反讽色彩和黑色幽默的荒诞意味，并带给读者一系列思考：要使社会的执法者做到"公平正义"，真的就这么难吗？社会的执法者难以做到秉公执法，其背后的原因到底是什么？是源于体制的漏洞？还是来自人性的贪婪？另一方面，为了迫使执法者做到"秉公执法"，在社会管理与法律缺位的情况下，魏经理代表的民间公司采取非正常的恐怖行为，给社会"打补丁"，是否值得肯定？魏经理们采用"人肉料理"的方式迫使执法者就范，其目的即使达到，这样带来的"秉公执法"，是否就能实现真正的公平正义？等等。

　　小说的隐喻性非常明显。作为足球主裁判的刘大魁隐喻着社会执法者与权力阶层，魏经理的民间公司则隐喻民间力量。魏经理的民间公司对刘大魁的"恐怖行为"，隐喻着处于弱势的民间力量，对处于强势的社会执法者非正常渠道的监督与提醒。这种隐喻性使作品充满着强烈的政治性和社会批判色彩，寄寓着作者对正义与邪恶、强势与弱势、官方与民间二者关系的思考。在执法者与民间力量之间，作者的同情明显在后者。在作者看来，魏经理绑架刘大魁，请他吃"人肉料理",这样疯狂的非理性行为，实在是社会管理和法律缺位之后所采取的无奈之举。因此，魏经理割肉自残背后的疯狂与恐怖，恰恰显露了民间对于执法者的愤怒、不满与痛恨。当然，作者在认识到民间行为具有正义性一面的同时，也认识到了民间非理性行为背后的"邪恶"与"恐怖"。对于当权者（刘大魁们）的执法不公，民间虽然不满，但也只能压抑其不满，缺少表达、宣泄不满的途径和方式，于是，这不满可能会以扭曲的变态方式即"邪恶"与"恐怖"来显示。只有使民间拥有多种合理有效表达意愿、发泄不满的途径与渠道，民间的"邪恶"与"恐怖"，才能得到遏制与清理。

读过小说，我们可明显感觉到作者对于社会不公的满腔愤恨，对于公平正义的热切期待，对于实现公平正义的目的与达到公平正义的手段之间关系的深入思考。这在给作品带来思想深度的同时，也带来艺术上的些微缺憾，主要表现为题旨过于明澈，缺少更进一步的回味和余香。

当下世界的深度反思

——何立伟《到西藏找狗》阅读札记

何立伟一直在变。他初期创作的小说如《小城无故事》《白色鸟》等，给他带来很大声誉。汪曾祺先生给这些小说以很高评价，认为它们有废名作品的影子。（笔者则认为这些小说有些方面更接近他的文学前辈、同乡沈从文的作品）若把这些小说与《凶手》《光和影子》《像那八九点钟的太阳》《到西藏找狗》放在一起，很难看出是出自同一作家之手。从《白色鸟》到《凶手》，显示出作者求新求变的企图——他不想让自己笼罩在沈从文、废名等前辈的身影下，他想要有更大发展。于是他开始多方探索，为了艺术的探险甚至不惜牺牲掉曾给自己带来声誉的个性与风格。《白色鸟》之后的何立伟显得有点步履蹒跚，创作上时断时续，个性也不再那么鲜明与突出，但正是这一阶段，作者的创作潜能得到进一步的沉淀、挖掘与发展，小说艺术的格局开始显得宏大与开阔，语言也更为成熟、老练，对人性与存在的追问、反思达到了早期小说所没有的高度。在这些小说中，《到西藏找狗》虽然篇幅不长，但却是叙事、思想、语言皆很讲究的一部作品，值得反复阅读与品味。

小说的叙事颇为考究。小说开篇先写叙事者"我"有一种"烦闷、苦恼、忧郁或者憎恨"的莫名其妙的情绪，这种情绪之产生，不是来自具体人事，而是一种对人生对世界的超验感受。作品开篇对于莫名情绪的揭示与渲染，为小说定下批判的基调。很快，"我"的茫然由于熟人"苏志"的到来而改变，于是就开始对于苏志其人的介绍。对苏志的介绍中，有价值的信息包括苏志事业上的一再受挫与失败，苏志与台湾老板的关系。在介绍苏志与台湾老板的关系时，又重点呈现苏志为救台湾老板及其小情人而在货运北站大战六条汉子的火热场面。在介绍苏志其人之后，终于开始了苏志对于台湾老板"到西藏找狗"的离奇故事的讲述，这个故事本身自成一体，具有独立性。苏志在向"我"讲述这个离奇故事后不久，自己也到西藏找狗。小说以"我"很久未见苏志并怀疑可能永远见不到他结束。

小说采用第一人称叙事，自始至终采用"我"的视角。但在第一人称"我"的叙事框架内又插入了另一叙事者"苏志"向"我"讲述"到西藏找狗"的离奇故事。由此可见，题目中所揭示的"到西藏找狗"的故事其实是小说人物"苏志"为"我"讲述的。在"到西藏找狗"这个离奇而非常吸引人的故事之外，作者又设计了另一层故事，即叙事者"我"的情绪以及"我"对于这个世界的人事包括"苏志"及其他人事的评断和态度。小说的叙事在具有很强的故事性、传奇性的同时，又具有较强的形而上的思想内涵。

小说情节简单，但包含多个层面的叙事："我"对于世界的体验、苏志为台湾老板打工、台湾老板到西藏找狗、苏志离开台湾老板到西藏找狗、"我"对于苏志及台湾老板等人、事的评判等。以上多个层面的叙事最终指向隐含作者对当下世界的概括与评判。小说开篇，"我"对于世界的莫名其妙的"烦闷、苦恼、忧郁或者憎恨"或者"茫然"，属于形而上的层面，类似于西方存在主义哲学的那种"恶心""烦"的存在体验。作为对这种情绪的概括，作者用了一个词叫"茫然"。这个词在小说中不止一次出现，如在"我"听完苏志所讲的故事后，作者写道："我又开始有点茫然了。"作者对"我"茫然情绪的渲染，其目的是为整篇小说定下基调：对当下世界的批判性反思与评判。以下展开的故事，不管是对于苏胖子大战六条汉子的火热场面的呈现，还是台湾老板"到西藏找狗"的离奇故事的演绎，都是为了达到其对当下世界进行批判性反思与评判的目的。货运北站血腥大战的那一场景，显示了当下世界人心浮躁及人性中的阴暗与戾气，从叉车司机与三毛等人身上，读者感受到的只是人性中好勇斗狠的那一面；苏志带着台湾老板及其小情人在中国大陆四处奔走，隐喻当下中国的资本阶层对金钱贪婪无耻的疯狂追求。在这些故事中，苏志所讲述的台湾老板到西藏找狗的故事无疑具有极强的隐喻性和丰富的意义指向。

在台湾老板到西藏找狗的故事内层,其实还隐藏着一个故事,即濒临灭绝的西藏名犬古蠡的悲剧性命运。名犬古蠡惨遭灭族的命运来自改朝换代之际一个阶级对于另一阶级的刻骨仇恨和清洗,所以,古蠡的悲剧性命运折射的是一个大时代背后的腥风血雨。名犬古蠡象征着高贵稀有的血统与历史的残酷无情,但与此形成反讽的则是台湾老板对于古蠡的寻找,其动机并非出自对古蠡高贵血统的尊重和对过往历史的凭吊。他之寻找古蠡,只是着眼于其身上所蕴含的巨大商业价值而已。因此,他和兽医对于古蠡千辛万苦的执着追寻,并非是一次朝圣之旅,而是对于西藏这块圣地的亵渎与玷污。历史上古蠡的悲剧来自公然的屠杀,而这一次幸存下来的古蠡的悲剧则来自伪善和贪婪——台湾老板和兽医是披着"友好""真诚""良知""彬彬有礼"的外衣打动古蠡主人强巴的心而遂其所欲的。因此,台湾老板虽然不是以暴力方式从强巴那里取得古蠡,但比之公然掠夺,这种方式更加阴险歹毒,因而,随后古蠡惨遭毒杀的结果就更令人为之感叹唏嘘。在此背景下,七只走脱的古蠡对于主人强巴的忠诚与寻找,就不能不让人为之动容。

古蠡的高贵血统及强巴的纯朴善良,与台湾老板、兽医对古蠡和强巴的利用、欺骗、伤害、背弃之间,形成巨大讽刺;强巴与古蠡之间纯真善良的人狗关系,与商业社会中纯粹讲究时髦的人狗关系形成讽刺;强巴与古蠡之间纯真质朴的人狗关系,与商业社会中人与人之间纯粹讲究金钱的关系之间,同样形成极大讽刺;人的虚伪、自私、冷酷与古蠡的高贵、忠义、纯朴之间也形成反讽。多重张力与反讽使"到西藏找狗"的故事具有了丰富的思想内涵和象征意味。古蠡与强巴的悲剧隐喻着金钱对人性的侵蚀、伪善对真诚的胜利、高贵为卑贱所奴役。对人与狗不同关系的对照与演绎暗含着作者对商业社会中人情虚伪冷漠、人性异化的强烈批判。对古蠡悲剧命运的动情讲述,说明作者对历史的凭吊与怀旧,对已逝的美好事物的爱惜、歌颂与追忆,对这种美好东西在当下极度野蛮、粗鄙的商业社会中注定无法存在的关注、隐忧和痛惜。在这一点上,他与沈从文还是有相通之处的。

台湾老板到西藏找狗及七只狗的走脱,激发苏志到西藏找狗的激情,他到西藏后有半年未见踪影,这引发了叙事者"我"的猜测:"难道一个人去寻找一种消失了的东西，其结果就是连自己也一并消失掉吗？"这形成另一层叙事。作者设置这层叙事是为了表达什么主旨呢？对于苏志找狗可以有两种解读。一种可以解读为苏志对理想的追求，对自身生命意义的探寻。苏志原来有自己的事业，但都失败了，于是只好给别人打工。他从老板到西藏找狗中看到自己未来的希望所在，于是，为了实现生命的价值，他独自到西藏去找狗。但由于他要找的狗是绝世的稀有品种，且存世只有七只，因此，他实现自己理想的希望就非常渺茫。但正是由于希望之渺茫，他的毅然前行就显得更为悲壮和动人。但如果这么理解，就需要有一个前提，那就是苏志找狗与台湾老板找狗之间在目的与动机上有本质不同。台湾老板找狗不是为狗本身，其目的纯粹就是为了金钱。苏志找狗则是为了狗本身，是为了寻找一种注定要消失不见的"高贵血统"。不过，这一点，作者并没有告诉我们。所以，要从这个角度理解就存在一定问题。如果苏志找狗的目的与台湾老板一样，纯粹是为了发财，从而在经济上重振自己事业，那么，这就带来对苏志找狗故事的另一种解读。这种解读其实与对台湾老板找狗的故事的解读之间，并没有太大差异。台湾老板虽然找到了狗，但七只狗走脱，剩下的则被毒死，这说明他的找狗行为完全是失败的，他的失败显示了人性的贪婪、冷酷与人自身的虚伪、可笑。苏志明明看到台湾老板失败，却天真地相信自己的直觉，认为自己能找到那七只幸存的古蠡，从而凭此发财。但他的结果很有可能是"随着消失的东西一起消失"，比起台湾老板，他显得更加虚伪、可笑。但如果这样解读，又带来另一问题，即"我"对于苏志找狗的态度问题。在"我"听到苏志要找狗的表白后，其内心活动是："不晓得为什么，我觉得苏胖子到西藏去找狗是一件希望渺茫的事。我想劝他不要去，那结果一定是劳命伤财的。但我一见他呷了酒以后脸上放射出的满怀信心的红光，就觉得讲什么都是多余的了。一个人哪怕是为了一个白日梦而去奋斗，都是值得的，是可歌可泣的。何必去煞他的兴致呢？"由此可见隐含作者通过叙事者"我"的心理活动，给予苏志找狗以正面评价，而隐含作者给予台湾老板找狗的评价则是完全负面的。这就带来一个问题：到底如何评价苏志找狗的行为呢？似乎作者的叙述并没有给读者一个明确的道德指向。笔者读过小说后，就留下了如此困惑，这在一定程度上会影响读者对小说意旨的整体理解与把握。

何立伟的小说语言一开始就显得很有个性，他善于提炼和使用一种可称之为诗性风格的语言，但这种语言在他后来的一系列小说中，逐渐消失不见了。《到西藏找狗》的语言就与《白色鸟》《小城无故事》差别很大。比起《白色鸟》的诗性语言，《到西藏找狗》在语言上更为洒脱、自然、老辣，显示出何立伟小说语言艺术的成熟。笔者认为，判断语言艺术高下的最根本尺度在于这种语言能否呈现一种现场感，即读者读过之后，眼前能鲜活呈现出一种具有生命质感的真实场景。何立伟的小说语言就富有这种生命的现场感。在人物对话上，何立伟善于有节制地使用湖南方言，擅长通过人物语言表现湖南人性格中"辣"的那一面，几句话就使人物性格跃然纸上，形神毕肖，甚至使读者由其人物语言就仿佛能直视其神情面貌，这是很不容易做到的。具体到《到西藏找狗》，如货运北站叉车司机与台湾老板、苏志等人之间的几句对话，就呈现了他们各自的独特个性。在叙述语言上，《到西藏找狗》的某些段落如通过台湾老板视角呈现的苏志大战货运北站那一节，对"侧""接""带""插""扑""掰""扔"等动词的精彩使用，读后仿佛目睹了那一场惊心动魄的打斗，在当代小说叙事中堪称经典。这说明作者对于汉语的锤炼、使用和把握已达到很高的艺术境界。

全景式再现北宋社会历史的大型史诗

——论长篇系列历史小说《清明上河》

在异军突起的当代文学豫军部落里,高有鹏是颇为引人注目的一位,这与他身兼学者与作家的双重身份有关。他首先是著名的民俗学家和民间文学研究专家,一直以来,栖身于历史悠久的著名大学学府中,潜心研究,著作等身,已出版学术专著十数部;同时,又不同于一般埋头书斋的学者,他目送归鸿,手挥五弦,思接千载,逸兴遄飞,沉潜历史,相友古人,从事于大型历史题材小说的创作。长篇历史小说《袁世凯》,以其对近代中国社会政治历史的全新展现,甫一出版,即引起广泛关注,获得高度赞誉。现在,继《袁世凯》之后,他的长篇系列历史小说《清明上河》又与广大读者见面了。小说分《春歌》《春潮》两卷,共计63万字。从作者文末所作附记可知,这部作品是作者近30年辛苦艺术劳作之后的收获。《春歌》初稿开始于1983年,第十一稿改定于2010年2月;《春潮》初稿开始于2001年10月,第十一稿完成于2010年2月。可见,两卷的写作皆"十易其稿",称得上是"卅年辛苦不寻常"!正是由于作者这种认真执着的写作态度,这种多年不畏艰辛的沉潜劳作,《清明上河》终于成为继张择端《清明上河图》之后,另一部从文学角度,对北宋社会、历史、政治、人物、民俗进行全景式动态展现的史诗性作品。可以肯定,《清明上河》的出现是当代长篇历史小说的一个重要收获,它的出版,是2010年文坛值得关注的一件大事。

一

《清明上河》的史诗性，首先体现在其对北宋后期政治历史的全景式精彩展现。首先，小说表现了北宋后期上层统治阶级内部日益剧烈的政治斗争，这种政治斗争围绕变法与反变法展开。变法的一派以王安石和宋神宗赵顼为核心，聚集了韩绛、韩维、吕惠卿、章惇、曾布、王雱、蔡确、蔡卞、李定、王韶、邓绾、吕嘉问等人；守旧的一派以司马光和高太后为核心，聚集了韩琦、富弼、曾公亮、张方平、苏轼、苏辙、张载、程颐、刘挚、范纯仁、文彦博等人。革新派与守旧派之间的矛盾与冲突，反映了当时历史进步力量与落后势力之间的斗争与冲突，这股历史的进步潮流被作者名之为"如歌的春潮"，这是第一卷《春歌》得名的由来。这种斗争与冲突，在《春歌》中表现为变法派与保守派之间的斗争，随着变法派的支持者宋神宗的动摇与退缩，以及保守派的激烈反对与阻挠，历史上这一场轰轰烈烈的变法运动最终失败。随着变法的失败，宋神宗与王安石相继去世，保守派在政治上占据了绝对的优势，守旧派与变法派之间新一轮的斗争又一次开始，且逐步演变为愈演愈烈的党争，北宋也就在这种无谓的、自我损耗的党争中走向了它的末路。这是第二卷《春潮》所表现的主要内容。作者选取王安石变法作为其进入北宋中后期历史的切入点，小说的情节线索紧紧围绕变法与守旧之间的冲突与博弈展开，建构起小说的故事构架，从而深刻表现了北宋中后期社会的政治矛盾与历史走向，这种选择显示了他对北宋政治历史深入的理解与透视。由于《春歌》与《春潮》两卷的故事纵向发展皆是围绕变法与反变法、革新与守旧之间的矛盾冲突展开，因此，两卷所表现的历史事件虽然不同，一写变法，一写党争，但故事发展的内在逻辑却是一致的。这种发展内在逻辑的一致性不仅把上下两卷紧密地结合在一起，而且使整部小说的结构显得非常紧凑和严密。

其次，小说表现了底层被压迫者与上层统治阶级之间的尖锐矛盾。小说中，底层被压迫者的形象以东明县新民屯户主杨刘一为代表。他本是吕惠卿的儿子，吕惠卿假扮杨刘根，骗取了东京舟桥瓜脯店老板杨三老人的信任，并娶了杨三老人的女儿小菊为妻。在逐渐得知真相后，杨三老人投水自杀，吕惠卿抛弃妻儿不知所踪。小菊带着孩子杨刘一兄弟开始了漫长艰辛的寻找历程，最后只有杨刘一活了下来。他怀着满腔仇恨，发誓找到并杀死自己的父亲，为自己的母亲、兄弟报仇。在无尽的寻找过程中，他流落到欧阳修的义庄东明县新民屯定居下来，但以他为首的村民却受到东明县知县的残酷压榨，由于这种压榨与剥削是打着变法的旗号进行的，杨刘一对王安石充满了仇恨，他来到汴京，准备刺杀王安石，却不期然遇到了自己的父亲吕惠卿。正当他要实施自己的复仇计划时，不幸被吕惠卿的弟弟吕和卿杀死。小说中，杨刘一是一个满腹怨恨、坚定不屈的复仇者形象，这种怨恨情结反映了底层农民对统治阶层的不满与仇恨，反映了北宋中后期日益加剧的阶级对立与冲突。为了表现北宋中后期下层社会的黑暗，作者还在《春歌》第五章设置了颍王赵顼即后来的神宗皇帝私访遇险，被民间黑社会组织黑水社劫持的情节，从而表现了下层社会的祸乱丛集与民不聊生，为赵顼以后的力主革新埋下伏笔。《春潮》第三章，作者设置了赵顼弟弟润王赵颜离宫出走的情节，以他的视角，表现了大宋下层民间社会与边关的真实情形，用他的有家难回，写出了皇帝爪牙的骄横跋扈。这些情节与人物的设置，使作者的一支笔能探进下层民间社会，详尽揭示了北宋社会的方方面面，深刻暴露了北宋中后期日益加剧的阶级矛盾，进一步确证了王安石变法的历史进步性与合理性。

最后，小说还深入揭示了北宋中后期日益紧张的民族矛盾。北宋中后期政治上内忧外患交困，内忧即阶级矛盾，外患即民族矛盾，这些在《清明上河》的两卷中皆有精彩而真实的展现。小说在表现统治阶层内部的矛盾以及统治阶层与下层民众的阶级矛盾的同时，也深刻揭示了北宋与西夏及契丹之间日益加剧的民族冲突。《春歌》第四章，朝廷令王安石伴送契丹客人至塞上，通过王安石一路的见闻，写出了北宋边防防务的松弛不修，边地士卒的怠惰骄横，契丹人的心怀鬼胎。在展示大宋与契丹之间日渐加剧的民族矛盾时，作者假借王安石的视角，特意表现了两国民风的不同："王安石想起白沟驿贤民村的故事，想起白沟两岸迥然不同的民风，一边是契丹人疾风般地驰骋着骏马，随时准备南下灭宋，直掠江南，一边是官民之间完全被骄奢淫逸的熏风笼罩。他的心特别沉重。他总觉得自己丢失了一些什么东西。"① 大宋官民骄奢淫逸的作风反映的是上层统治者的因循苟且与无所作为。与第一卷相比，第二卷《春潮》涉及民族矛盾与冲突的地方更多。第一章写胡女向神宗赵顼夜献羊皮图，第二章写歧王赵颢与大臣蔡京相国寺抓契丹奸细，表现了契丹与西夏对北宋的虎视眈眈。第三章写润王赵颜在饭铺十三间楼偶然看到契丹奸细展示宋朝坤舆图与职官表，表现了契丹对宋朝内部情况的熟悉。第四章写司马光上《论西夏札子》，建议把西北边寨五堡还于西夏，无数将士用鲜血和生命换来的土地被让与敌寇，边疆大门洞开。第六章写章楶与折可适率兵战胜西夏，又通过苏轼的入知定州，写出了边疆士兵生活的艰苦和防务的废弛。作者对民族矛盾与冲突的描写，更为完备地揭示了北宋中后期内外交困的政治情势，准确再现了王安石变法前后的社会历史背景。王安石变法就是为解决这种内外交困的多重矛盾而提出的，它的历史的进步性在此，它失败的悲剧性亦在此。随着变法的失败，大宋王朝积重难返的局面成为定局，它的没落与覆灭是必然的。

二

《清明上河》的史诗性还集中体现在它塑造的众多鲜活、生动、传神的人物形象上。北宋一朝，被陈寅恪称为中国历史上文化最为繁盛的时代，在中国文学史、文化史、政治史、哲学史、科技史上做出过突出贡献的人物灿若群星，如著名的"唐宋八大家"北宋即占了六家，画家如宋徽宗、王诜、米芾，政治家如范仲淹、王安石、包拯、寇准、宋神宗，历史学家如司马光，哲学家如张载、程颐、程颢，天文学家如苏颂，等等。难能可贵的是，这些历史人物在《清明上河》中都得到了艺术性的塑造，他们一个个登场，上演了一出出异彩纷呈的历史大戏，以其鲜明的性格特征，汇集成长长的北宋历史人物画廊，给读者留下深刻印象。这些人物之外，小说所塑造的其他人物形象还有四五十位之多。在这些人物群像中，作者集中塑造了王安石、司马光、苏轼、宋神宗、欧阳修、包拯等人物形象，而

---

① 高有鹏：《清明上河·春歌》，花城出版社，2010，第99页。

最为光彩夺目、令人难以忘怀的则是王安石与苏轼。

王安石是熙宁变法的领导者,是中国历史上一位了不起的政治家、文学家、思想家,被称为"中国十一世纪最伟大的改革家"。然而,就是这样一位人物,由于其变法触动了大地主、大官僚的利益,很长一段时期,并没有得到历史的公正评价,甚至被诬蔑为"古今第一小人"①。直到清代蔡上翔《王荆公年谱考略》,才给他以公正评价。因此,梁启超称王安石是"以不世出之杰,而蒙天下之垢"②。在《清明上河》中,作者站在进步的历史立场,刮垢磨光,洗去前人泼在他身上的污水,恢复其本来历史面目,把王安石塑造成一心为天下之公、不怀私欲、人格高尚、有着雄才伟略的伟大政治家,是全书所用笔触最多、最为苦心经营的人物,同时,也是小说中最为光彩夺目的一个形象。

王安石一生事迹无数,小说不可能面面俱到,而是作了精心选择。小说从王安石任职群牧司写起,以其亮相于包拯宴请群牧司下僚的酒宴上开篇。由于得到包拯赏识,王安石被委任以提点开封府界诸县镇公事,在此任上,他对大宋王朝吏治腐败有了进一步认识。紧接着详写王安石任职常州的事迹,在常州任上,他为百姓谋福利,不辞劳苦,亲自带领手下人考察山川,挖运河,兴修水利,受到黎民百姓拥戴。对随后王安石提点江南东路刑狱、任三司度支判官则是虚写,着重写了王安石伴送契丹使者到涿州的一路见闻,这使他对大宋王朝的不思进取与骄奢淫逸,有了更为深入的认识。之后王安石外出任职则又是一笔带过,直接写神宗皇帝召其越次入对,受到激赏后,他被任命为参知政事,开始了轰轰烈烈的变法新政。由于变法运动是王安石一生事业的高峰,也是第一卷情节的高潮,因此,小说对之进行重点叙述,通过变法运动所遇到的巨大阻力和王安石不遗余力的坚持,显示其果敢勇毅、坚忍不拔的性格特征。

为了突出王安石的形象特征,作者采用了中国古代小说的"烘云托月"法。整个《清明上河》第一卷,人物众多,事件纷繁,这些人,这些事,皆围绕轴心人物王安石而发生、展开,他们只是"云",王安石则是

---

① 杜文澜辑:《古谣谚》,岳麓书社,1992,第663页。
② 梁启超:《王荆公》,见《饮冰室专集之二十七》。

"月"。作者写包拯，写欧阳修，写司马光，写神宗皇帝，写韩维，写王安石的儿子王雱，写王安石的妻子吴氏，其目的都是为了写王安石，写出王安石的率真、无私、执着、"佛性"。《春歌》开篇写包拯在群牧司的新年酒宴上宴请诸位青年才俊，即通过王安石坚持不吃包拯敬酒，突出他的卓尔不群，这是用包括司马光在内的所有人来衬托王安石。然后，作者似乎意犹未尽，又写了欧阳修宴请王安石等人，通过王安石一口气写成《虎赋》而令众人束手，凸显他的才思过人，这同样是用众人来烘托王安石。第三章又一次写欧阳修在府中宴请，通过欧阳修之口写出王安石的"脚勤、手勤、头脑勤"。三次酒宴，一个英气逼人、才学不凡的人物形象跃然纸上。这种烘云托月写法使读者在王安石没有出场的章节中，也可明显感受到王安石的存在，如《春歌》第五章《颍王府》，通过赵顼对支撑天下的"建木"的渴求，通过韩维对"我的朋友王安石"的一次次介绍，使读者分明感觉到王安石就是即将登极的皇帝赵顼所寻找的"建木"。第六章写赵顼登极后对以司马光、苏轼为首的一群大臣的失望，也是用司马光的学问不错但"肚皮太薄"来衬托王安石，通过宋神宗的求贤若渴和韩维的反复举荐，侧面写出王安石在朝廷的巨大影响力。这种烘云托月手法的运用，成功地描绘出王安石这样一个"举世难得的大鹏鸟、金凤凰"形象。①

  王安石之外，小说中另一被浓墨重彩加以描绘的人物是苏轼。上卷中，苏轼还没有正面出现，小说只是把他作为王安石的衬托，从侧面加以表现。下卷中苏轼开始作为一个主要人物登场。小说通过他在杭州和定州的事迹，表现了他的心系家国和勤政为民；通过他与王诜、米芾的交往，表现了他的狂放不羁和诗酒风流；通过他对变法运动态度不合时宜的前后转变，从而导致被朝廷一贬再贬，表现了他的刚直不阿与不合流俗。他是本书中另一个光辉夺目的人物形象。

  王安石、苏轼之外，小说中其他人物如司马光的倔强和迂直、吕惠卿的阴险和狡诈、王雱的早慧与朝气、范纯仁的忠厚与坚韧、包拯的刚毅与智慧、程颐的迂腐与酸气，皆表现得惟妙惟肖，非常生动。如《春歌》第三章欧阳修问王安石对于吕惠卿的印象：

---

① 《清明上河·春歌》，第154页。

王安石若有所悟地答道："只记得此人眼珠转得快。"①

　　这里，只抓住人物的眼睛来写，寥寥数语，便淋漓尽致地刻画了吕惠卿狡诈与不安分的性格特征。

　　《春歌》第六章皇帝召司马光入对，司马光指责神宗皇帝身边的近臣高居简资性奸诈，是一个工于心计、善于逢迎的小人。皇帝让此事再议，然而司马光却不依不饶：

　　"不！"司马光挺起胸脯，扭着脖子，显出平时激动时就现出的倔犟相，几乎是歇斯底里地喊："闺达小臣，何系山陵先后！舜去四凶，不为不忠。仁宗贬去了丁谓，不为不孝！今告慰先帝，当去凶去奸，理顺朝廷。否则，必成险波，扰乱社稷。时不我待！"
　　众人都屏住呼吸，望着司马光一起一伏的项背，听赵顼发落。②

　　通过对人物语言和行为动作的描写，司马光的神态，他的倔强与迂直的性格特征，跃然纸上。

　　上述主要人物外，小说中即使稍纵即逝的次要人物，作者也能以寥寥数笔，刻画出其独特的性格特征。如《春潮》第六章苏轼到家中拜访米芾，两人饮酒写字之后：

　　苏轼乍听时便想笑，却见米芾转身，正戴上他平日喜爱出游时戴的高檐帽，便觉几番凉意，自取了衣衫，重新装束好。米芾的高檐帽一戴时，便是正言。苏轼早就听说过他这种习惯。而且他还听说，米芾极喜爱此高檐帽，乘轿外出时竟将轿顶拆去，让高檐帽露出轿顶外，惹得满街人争看。米芾又因此而更加高兴，搅得满街沸腾。③

---

① 《清明上河·春歌》，第78页。
② 《清明上河·春歌》，第148页。
③ 高有鹏：《清明上河·春潮》，花城出版社，2010，第146页。

只此数语，便写出了米芾的狂癫与潇洒。

历史小说不同于史传的根本之处，即在于历史小说必须向读者呈现出富有深度、生动传神的人物形象，这是衡量历史小说艺术性高低的基本尺度。《清明上河》不但人物形象众多，而且这些形象皆有其鲜活的性格特征，即使非常次要的人物形象，也能给读者留下相当深刻的印象。由此，高有鹏不但写活了北宋的历史人物，也写活了北宋中后期那段波澜壮阔的历史。

三

《清明上河》的史诗品格还集中体现在它对北宋社会民俗的成功表现上，整部小说可称得上是一部大型的"北宋民俗史诗"。民俗是人们在日常的物质生活和精神生活中，通过语言和行为所传承的喜好、风尚、习惯、禁忌等，是最贴近人民日常生活的文化样式和生活样态。如果说社会史应该是风俗史的话，那么，作为对社会生活进行艺术性表现的文学艺术，民俗更应当是其关注与表现的重点。只有通过民俗描写，作家才能够将故事中人物生活的原生态，更为直观、生动、诗意地呈现在读者眼前。作为一位民俗学家，高有鹏对民俗在社会生活结构中的重要位置，有着更为深入的理解，凭着这种理性认识和感性上对北宋民俗的了解与熟悉，他在《清明上河》中，对北宋的社会生活民俗，进行了驾轻就熟、酣畅淋漓的艺术表现。大量的民俗描写占到小说叙事的四分之一，北宋的岁时节日民俗、日常生活民俗、人生礼仪、民间信仰、民间歌谣、戏文与民间传说等，都在小说中得到了原汁原味的呈现。

《清明上河》第一卷开篇即是浓郁的民俗场景——群牧司新年酒宴上的酒令与酒歌：

> ……这酒歌是汴京街面上流行的闹酒大曲，有曲头、曲令和曲尾。年轻人斗酒闹酒，要比一比酒量大小，也要比一比酒令的高低。在街肆上、豪宅中，都有许多人唱这闹酒大曲。汴京百姓中说，酒不闹不

香，人不闹不旺。①

喧嚣的闹酒大曲渲染出新年欢乐的气氛，预示着王安石变法所带来的如歌的春潮将要到来。

《清明上河》表现最多的是节日习俗，如第一卷第二章写王安石临川老家中秋节放灯，写春节王安石一家人赶庙会，第五章写送穷日打城隍，第七章写元宵节宣德楼观灯，上巳节后土神庙的庙会。第二卷第一章写七月七日乞巧，第二章写汴京重阳节老百姓赏菊、互送重阳糕、相国寺菊展与百戏、宫廷举行盛大乐舞，第六章写皇宫春节守孝，等等。节日习俗外，小说还表现了北宋老百姓、士大夫及皇家的日常生活礼俗，如第一卷第五章表现了北宋都城汴京老百姓与进士娶亲的不同习俗；第七章写生孩子后第九日办贺筵的习俗。举凡北宋重要的节日习俗和日常生活礼俗，在小说中皆有异彩纷呈的呈现。小说对民俗的精彩呈现，与小说的人物、情节有机地联系在一起，是为表现人物、情节服务的。节日习俗的艺术呈现，使小说获得了浓郁的生活气息与诗意格调，例如第一卷第二章对临川中秋节放灯的描写：

> 母亲吴氏把头和王雱的头靠在一起，缓缓地说："临川一带，到了中秋，家家户户镂瓜为灯，形似圆月，四面玲珑，点亮之后格外漂亮。小儿架起瓦片，好像浮屠，在里面点燃薪柴，叫作烧瓦子灯。后来，从南丰传来一种玩法，秋天放风筝，从中秋一直放到重阳。风筝放起来，一忽儿在上，一忽儿在下，老百姓称作风禽。到了夜晚，在风筝上挂起灯盏，千百盏瓜灯被送到九天之上，谁都不舍得扭一扭脖子，直望到脖子生疼；还有人在那风筝上燃起爆竹，半空中响起来时，满天的繁星夹着霹雳，真动人呀。哎，多少年不见这番热闹景象，何时想起来都令人按捺不住心跳像鼓槌敲。"说着，说着，她脸上泛起红润，额头上生出汗渍。

---

① 《清明上河·春歌》，第5页。

王安石和夫人一时也听得呆了。①

　　这一段别致的放灯民俗描写，既表现了王安石家乡临川的美好风物，又表现了王安石母亲吴氏对故乡的思念之情。

　　除节日习俗，小说中还大量安插了民歌、民谣、民间故事与传说、民间戏文、风水迷信、巫蛊禁忌，等等，起到了预示和推进情节发展、塑造人物形象、诗化环境氛围的独特作用。例如小说第一卷第五章即以小孩唱的童谣"天苍苍，地茫茫，京师居大丧！"开篇，预示了宋仁宗赵祯的死；第二章通过原野中孩子们声如小铜锣的童谣，渲染了春天的美好；接下来王安石母亲用临川土话所唱的歌谣《七月》，更是唱出了临川四时如诗如画的风土人情。小说很善于穿插民间故事与传说，如第一卷第二章所穿插的无锡水蜜桃、油面筋的传说，太湖防风氏的故事，第四章所穿插的南人盗宝、高王二帝、贤民村的传说，第二卷第一章所穿插的龙狗的民间传说，第六章所穿插的王莽赶刘秀的传说，等等。南人盗宝的传说反映了北人对南人的仇视与诬蔑，高王二帝的传说表现了后人对寇准的无尽思念，贤民村的传说则是对北宋骄奢淫逸民风的犀利讽刺与鞭挞。

　　北宋都城汴京是当时国际上最为繁华的都市之一，作为小说人物活动的场景，同样是小说表现的主要对象。小说在表现汴京的风俗人情外，还通过故事情节的设置，假借人物之口，很自然地呈现出这个国际大都市的方方面面，大到城市的布置格局、桥梁瓦肆，小到老百姓的游戏娱乐、吃食服饰，俨然一幅文字版的《清明上河图》。例如《春歌》第三章借苏晗之口，介绍汴京城大小桥梁、河道和寺庙；第二卷第一章通过神宗皇帝的凝神驰想表现历代大宋皇帝的行事和皇宫格局，汴京的城门与贯穿城内外的四条河流；又通过神宗皇帝向儿子赵傭的介绍，刻画出金明池与四大园林的风光；第二章假借蹇周辅向歧王的介绍细致描绘了汴京人的服饰穿戴式样；第三章假借赵颜与少年们的对话，写出了六路三带四城；通过李荃向赵颜的介绍，写出了汴京城各色各样的吃食；通过赵颜在饭铺十三间楼的偷听，自然而然地表现了北宋全国二十三路的行政区划，中央政府及各路

---

① 《清明上河·春歌》，第30页。

的机构设置;通过汴水的流动,写出了宣德门南区御道上的阵阵马蹄声,写出了西大街、东大街的鱼市、肉市、鲜果行、金银珠玉漆器店铺的富丽,写出了大小勾栏中戏子呀呀咿咿的歌唱,写出了马行街遮天蔽日的滚滚尘烟,写出了市井的无限风情。此种美妙的市井风情,在《叫卖声声》一章,通过声声叫卖给予了非常艺术化的呈现:

> 满街都是灯火通明,无数人家点了各样的灯笼和灯盏,各自叫卖货物和吃食。卖者多是中年的男子,像是赛歌喉一般,比着喊,喊得有滋有味,而且都那样认真。
>
> "卖烧——鸡儿——咧——"
>
> 这是一个精瘦的汉子在喊。他鼓起两腮,用力张大嘴巴,额头上明晃晃地,把声音吐向夜空。当他喊到"鸡儿"的声调时,猛地将原本平缓舒畅的调儿迅速提到顶端,又尖又亮堂,满街市的灯盏一下子明亮了许多。喊到"咧"字时,则又恢复了原来的平缓,悠悠扬扬,渐渐消失在平静之中。①

上述对汴京夜市叫卖声的细致表现,写出了生活的诗意,深入到生命的本真层面,这也正是民俗的精神之所在。没有对现实生活的深刻体验、详细观察与仔细揣摩,是不可能写出这样妙笔生花的文字的。

对北宋社会民俗的大量再现,成为《清明上河》表现历史生活的一大亮点。如果说围绕变法与反变法的矛盾与冲突构成小说史诗性的骨架,众多鲜活、生动、传神的人物形象构成小说史诗性的魂魄,那么,精彩的民俗叙事则构成了小说史诗性的血肉,三者被作者完美地整合在一起,共同建构起《清明上河》史诗性的品格,使之成为一幅全面再现北宋社会历史、人物、风俗的大型画卷。

---

① 《清明上河·春潮》,第 70 页。

探索当代诗歌的第三条道路

——论高治军新古体诗的形式艺术

从形式上讲,当代诗歌大致可分为现代与传统两个系统:一为新诗,一为古体诗。古体诗代表对中国传统诗词创作体式的延续与坚守,新诗则代表对中国传统诗词体式的否定与革命。新诗与古体诗,一现代,一传统,一新潮,一古典,大致代表了当代诗人在诗歌形式与诗歌美学上的两种选择。但是否可以说,当代诗歌的体式选择,只有非此即彼的两种呢?非也。在新诗与古体诗之外,当代诗歌的形式探索还存在第三条道路,即新古体诗的发展道路。贺敬之对新古体诗有过界定:"……或长或短、或五言或七言的近于古体歌行的体式,而不是近体的律句或绝句。……无需严格遵守近体诗关于字、句、韵、对仗,特别是平仄声律的某些规定。"[1] 新古体诗就是采用传统古体诗的外在形式,而放弃古典格律诗关于诗词格律平仄声律、对仗、押韵的严苛规定的一种现代诗歌体式。

新古体诗的诗学主张与形式实践,内生于新诗对传统诗歌体式的革命性变革之中。随着新诗诞生,新诗与旧体诗或古体诗之争便已开启。在新诗与古体诗的激烈对峙与彼此竞争下,必然会产生一种折中选择,走非新非旧、既新又旧的第三条道路,即新古体诗道路。新诗诞生以来,凡抱此主张,既不走新诗道路,又不恪守古典格律诗的体式规范,而主张对格律诗的诗学规范,予以适度变通者,都可纳入新古体诗这一系统。纵观20世纪至今的诗歌发展道路,持此主张者大有人在,如贺敬之、丁芒、黄淮等。

---

[1] 贺敬之:《〈贺敬之诗书集〉自序》,《贺敬之文集》第2卷,作家出版社,2005,第2页。

实践新古体诗的，既有新诗作者，也有古体诗作者，已经形成了一个比较稳定的作者队伍。这个群体中，河南著名诗人高治军，对于新古体诗的探索与实践，无疑是非常执着、勤奋且取得辉煌成就的一位。

高治军属于高产诗人。2005年他的第一部诗集《我手写我心》出版，之后，其创作力呈井喷状态，连续出版了《沐春踏歌行》（2007年）、《大河飞歌》（2008年）、《瀛海行》（2008年）、《微雨燕子飞》（2009年）、《诗颂中原》（2011年）、《欧风美雨》（2012年）、《河洛高歌》（上、下）（2016年）等多部诗集。这些诗集中，《沐春踏歌行》被"学生范文网"推荐为经典文学读物，《大河飞歌》获河南省第五届文学艺术优秀成果奖，《诗颂中原》《欧风美雨》入选河南省农家书屋。由于诗歌创作方面的杰出成就，他被授予"建国60周年感动中国的百位当代诗词家""中华诗词复兴杰出艺术家""中华诗词复兴功勋艺术家"等荣誉称号。高治军诗歌创作之高质多产，固然来自其丰沛旺盛的创作欲、喷薄而出的诗思、洒脱不羁的才情，但也和他找到新古体诗这一得心应手的诗歌体式有关。对于新古体诗的形式探索，高治军有高度的理论自觉："我主张引传统为现代的新古体诗创作，保留传统形式，注入现代内容。在新诗和古典诗词之外开创第三条路，在现代和传统之间寻找最大公约数，探索真正属于我们民族自身的优秀诗歌艺术。"[①] 新古体诗兼有古体诗与新诗之长而去其所短，既音韵和谐、形式整饬，又自由洒脱、无所拘束，诚如他所说，找到了新旧诗之间的最大公约数，继承了传统，又发展了传统。综观其诗歌创作，可发现高治军的新古体诗创作有以下主要特点。

善于用韵。用韵是古体诗的重要特点，古典诗词的音韵之美，很大程度上是从押韵获得的。正如王绶青所说："诗歌属于韵文范畴，不管写新诗，不管写古诗，不管写新古体诗，最好都要押韵。有韵则生，无韵则死；有韵则雅，无韵则俗；有韵则远，无韵则局。"[②] 高治军新古体诗形式实践的主要内容之一，就是保留和吸收了古体诗用韵的传统。他的诗大部分押

[①] 高治军：《〈河洛高歌〉跋》，《河洛高歌》（下），海燕出版社，2016，第497页。

[②] 王绶青：《序——治军的新古体诗和"双赢"》，见高治军《河洛高歌》（上），海燕出版社，2016，第5页。

韵，如《梵蒂冈》共 12 句，第 1、2、4、5、6、8、10、12 句皆押"ang"韵；《决斗场》4 句，第 1、2、4 句同样押"ang"韵；《游圣保罗》6 句，第 1、3、4、5、6 句押"an"韵；《康百万庄园》押"an"韵；《郑州吟》押"ou"韵。不同的韵有着不一样的音色和格调，其所产生的心理暗示和情绪色彩是截然不同的。如"ang"韵，上扬、响亮，慷慨、激昂，给人以开朗、乐观、向上、明畅之感。杜甫《闻官军收河南河北》所用"ang"韵，就与该诗所表达的狂喜欢畅之情，存在一种高度契合。高治军对此有清醒认识。他善于使用不同韵律，来表达丰富微妙的情感。如《百期华章》用"ang"韵，声音铿锵响亮，歌颂了《河南教育通讯》建刊一百期所取得的辉煌业绩，及对中国教育事业所作出的巨大贡献。《赠郭君》则用"en""in"韵，声音低沉坚实，以此来表达友谊的真挚厚重。《奇山秀水》描绘武汉大学校园之美，句尾统一用"an"韵，声音婉转有致，表达了诗人对校园生活的向往和留恋，韵与情之间可谓弥合无间、天成自然。诗人从诗体的高度看待用韵，认为"诗应押韵，不韵非诗"[①]。鉴于此种认识，他对用韵问题给予了高度重视，其诗作反复斟酌与修改的重点，就是用韵，这从他诗作的版本变迁可窥知一二。如《嘉应观》一诗押"an"韵，在诗集《沐春踏歌行》中，该诗题为《游嘉应观》，第一句不押韵，为"四月春风到嘉应"。该诗收入《河洛高歌》时，为了使该句押韵，诗人进行了反复的修改，把它改为"四月春风嘉应观"。改动后，第一句押"an"韵，不但与其他句声音和谐，且奠定了整首诗的基调。其他诗歌，如《鲁山行》，该诗初收《沐春踏歌行》，收入《河洛高歌》时，诗人同样对此诗进行了部分修改，修改的重点，同样是句尾押韵方面。由此可见高治军对诗歌用韵问题的重视。怎样用韵，韵用得如何巧妙自然，是他诗歌创作及修改中时时关注的一个重要问题。

对于古体诗的外在形式，高治军采用"辩证继承"法。这里所谓的"辩证继承"，指继承传统古体诗形式的主要方面，每行的字数一致，主要采用五言与七言的形式，部分采用四言与六言的形式，还有一部分采用传

[①] 高治军：《新古体诗论要》，见高泉编著《天籁之音——高治军新古体诗研究》，大众文艺出版社，2011，第 364 页。

统词曲的形式。但在诗句的行数安排上，高治军则进行了大胆创新，诗行多少，视诗人主体情感表达的需要，可长可短，无一定之规。在诗歌每句用字多少的安排上，高治军也有着自己的一番实践与探索。传统古体诗有四言、五言、六言、七言之分。四言、六言发展不够充分，五言诗与七言诗最多。而在五言与七言中，又以七言诗所占的份额较多。在字数上，从四言到五言，再到七言，中国诗歌的字数是逐渐增加的，这是一个趋势，也是一个规律。字数增加是出于表达情感的需要，更多的字数安排，为诗人表达更为复杂的情感，提供了较为广阔的空间，同时，也为诗人艺术的施展，提供了更为广大的闪转腾挪的空间。另外，从五言到七言，字数仅仅增加了两个，但诗歌由此呈现的音韵与风神，却有很大不同。形式虽然不能决定内容，但形式所包蕴的意味，却是不能低估的。这就是五言诗与七言诗，虽出自同一诗人之手，其艺术韵味，却迥不相同的重要原因。高治军对于传统古体诗形式的继承与实践，主要集中在七言与五言，其次是四言与六言。在此之外，他还实践了词体创作。

　　高治军创作的新古体诗以七言最多，他的这种选择不是偶然的，应该与七言诗字数较多，表达情感更为细致复杂有关。传统七言诗一般分三顿，呈"二、二、三"的节奏结构，也有人把它分为四顿，为"二、二、二、一"。两种分法，看似不同，其实是一致的。第二种分法只不过是把七言的后三字又分为"二、一"两顿罢了。古体诗音韵的和谐优美，既来自押韵和平仄参差，也来自每句的顿数一致。句与句之间顿数若不一致，即使平仄和谐、押韵，读起来也不可能朗朗上口。以闻一多为代表的新格律诗派，正是认识到这一点，才把"顿数一致"作为其新格律的主要成分。高治军吸收古体诗形式艺术的精髓，严格遵循句与句顿数一致的基本规范，而摒弃了平仄参差的严苛规定，与新格律诗派对古典诗歌的形式传承，是一脉相承、异曲同工的。在顿数上，高治军的新古体诗与古体诗基本一致，他对古体诗的发展体现在节奏结构的安排上。传统七言的节奏结构一般为"二、二、三"，出格的很少。高治军在实践"二、二、三"的节奏结构外，还大胆尝试了"三、二、二"的结构，由此带来了相当不同的音韵效果。如《晨听鸟声感》一诗共12句，每句皆为"三、二、二"的结构。下面掇出该诗前四句以作说明，这四句为：

老斑鸠／彻声／长叹，
似催我／快读／诗篇。
布谷鸟／鸣唱／窗前，
好时光／切莫／停站。

这四句的节奏结构完全一致，皆为"三、二、二"，即分为三顿，第一顿为三字，第二顿、第三顿为两字。七言诗每句的重心一般在第三顿，但节奏结构变为"三、二、二"后，重心也随之改变，转移到第一顿上。节奏结构改变后，诗的韵律和调子也变了。"二、二、三"的节奏结构，带来的是吟唱或咏叹的调子。"三、二、二"的节奏结构，带来的则是述说或诉说的调子，与日常说话的调子较为接近，更为口语化一些。

除采用"三、二、二"的结构，改变传统七言诗的节奏韵律外，高治军还采用其他方法来改变七言诗的节奏。例如《中秋月》《永记端午》《睢阳城》等诗，这些诗在句子上以七言为主，但又辅以六言起句和句内重复的形式。六言分为两顿，每顿三字，为"三、三"的结构安排，每顿尾字相同，相互押韵。如《睢阳城》的前六句为：

睢阳城，／城上城，
城下／还有／四五层。
睢阳城，／八卦城，
整个／城区／八卦形。
睢阳城，／水上城，
城在／烟波／浩渺中。

六句中，第一、三、五句皆为六言，两顿，呈"三、三"的节奏结构，顿与顿押韵；第二、四、六句皆为七言，三顿，呈"二、二、三"的节奏安排。这六句，虽然句之间的顿数不一致，字数也不一致，但读起来朗朗上口，节奏感很强，就来自诗人的巧妙安排。六句看似字数不同，顿数不同，但若把六句划分为"二、二、二"三个单元，每个单元皆呈"六言、七言"的结构，每个单元的字数与顿数又是完全一致的。单元之间形成了回环往复的音乐效果，音韵和谐动听，颇具民歌风味。其他诗歌，如《王屋山》《中秋月》《永记端午》等诗，皆采用这种形式，吸取传统民间诗歌的艺术精华，表现现代人的感情生活，是诗人形式上的一个独特创造。

高治军新古体诗在语言上具有非常鲜明的个性。他的语言大俗大雅，雅而能俗，雅俗兼治。传统古体诗语言讲究雅洁之美，力避俗字俗语入诗。但高治军却反其道而行之，在语言上追求俗白、家常、清浅，尽量引入一些日常生活用语，这使他的新古体诗具有了丰富的生活味、浓厚的人情味。下面举出几首诗为例。《参观维多利亚市》："空气似洗净，芳草遍全城。三月天不冷，樱花姹嫣红。鸟在碧空飞，人若画中行。身置域外地，如入桃源中。"这首诗，除"姹嫣红""身置"等语，其他词语，如"空气似洗净""芳草遍全城"全是家常语。尤为精彩的是"鸟在碧空飞，人若画中行"一联，全用家常语而对仗工稳，写景如画，可谓妙手天成。《参观伊丽莎白公园》："芳草碧连天，绿树成阴冠。白鹅戏清水，野鸭信步闲。海鸟空中飞，人迹亦稀现。自然相谐宜，故国何日见？"该诗虽不用口语，但语句浅白易解，纯用白描，生动自然。《新西兰印象》："青草一片片，牛羊几群群。城乡相和谐，邻居互可亲。南北两巨岛，偌大一牧村。""一片片""几群群"，相当口语化，而意境生动如画。《示儿远行》："父母正壮年，身体甭记紫。唯盼中流柱，光我高门庭！""甭"属于方言口语，在传统古体诗中一般是禁用忌用的，但高治军大胆用之，收到了相当好的表情达意效果。一个"甭"字，非常形象和生动，传达出普天下父母的爱子之情，令人不禁潸然泪下。当然，诗人用字虽追求清浅、口语化，但这并不是其最终目的。斟酌用字的最终目的，是为了更好表情达意。对于高治军来说，最有效地表情达意，才是他用字的基本准则。为表情达意，他既可使用高度口语化的"甭"，又会采用书面化的文言词语如"唯""光"等，口语与雅言之间的转换相当随意自然，达到了俗语、雅言的水乳交融。

评张大明的《中国象征主义百年史》

《中国象征主义百年史》2007年4月由河南大学出版社出版。这是一部以史料为主且以史料取胜、撰写体例独特、有着强烈历史感的研究专著，是以朴学方法治现代文学的范例，值得推荐给现代文学研究的同行们。

一

"以史料为主并以史料取胜"是《中国象征主义百年史》(以下简称《百年史》)一书最突出的特点。以往中国现代文学象征主义的研究，其总体特点可归结为"以理论为主"，即把主要精力放在象征主义对现代文学创作影响的理论考察上。一些研究专著，如吴晓东、尹康庄先生的同名研究专著《象征主义与中国现代文学》，虽然在史料方面也做了一些卓有成效的梳理工作，但还难称系统和完备。《百年史》与以往现代文学象征主义思潮研究最大不同于超越之处是：它主要着眼于象征主义在百年中国传播与接受的史料考察，第一次对现代文学中有关象征主义的史料做了全面的搜集与整理，举凡与象征主义在中国传播、接受与演变有关的史料，皆一网打尽。诸如象征主义怎样进入中国，中国文坛怎么认识，创作上的影响与变异，象征主义在不同时期的接受状态，这些问题，作者皆通过丰富翔实的史料给予清晰、准确、系统的交代。例如，英文"symbolism"一词第一次输入中国的确切时间，被翻译作什么？"symbolism"被译作现在通行的"象征主义"一词又是什么时候？波德莱尔的名字最早出现在什么地方？中国文坛第一次详细介绍梅特林克的文章是哪篇？看似细小的每一个问题，作者皆用一个条目、一则史料给予实实在在的说明，绝不架空叙述。总之，在现代文学象征主义史料的收集、整理与考辨上，《百年史》应该是标志性成果，是之后中国现代文学象征主义思潮研究的重要参照。

本书在写作上别出心裁地采用了条目的形式，它是由一个个条目按时间顺序连缀而成。每一条目由日期、文章（或专著）名称、观点介绍、作者按语四部分组成。前三部分为史述，第四部分为史评。日期为文章或专著发表的日期，一个日期为一条目；观点介绍部分是作者对该文章或专著主要内容及观点的摘要，这是每一条目最为重要的部分；作者按语是作者对一些重要的文章或专著所作的评价或提示，不是每一个条目都有的，这一部分虽然简短，但非常重要，与每章开头作者对该时期所作的介绍一样，是在客观史料基础之上所作的评断。从每一条目的组成比例上看，作者按语即史评部分非常少，大部分是对文章或专著主要观点的介绍即史述部分。一部学术论著应该是作者话语占主导地位，但是在《百年史》里，作者话语却完全退居到非常次要的地位甚至完全消失，论断性、主观性的语言被极度压缩，与此相对应的则是史料的地位大大凸显。由于史料地位的凸显，相对来说，该书的理论思辨性自然显得不那么强。在该书《写在前面》一文里，作者也坦言："我能力有限，坦率说，在理论思辨方面，本书做得不多。"这就形成了该书"重史实而轻理论，先史述而后史评"的写作风格。这种写作风格的形成与作者对历史的看法有关。

在该书《写在前面》一文里，张大明先生坦陈自己的历史观："历史是什么？是过往的时间，是事件的过程，是有关人物所做的事。把线索理清楚，把来龙去脉说明白，是写史的根本任务。至于如何评价，总结经验教训，从而抽象出理论，泽惠后人，那可以因人而异。"很明显，张大明先生认为写史的根本任务就是通过实证的史料把历史的客观过程尽可能完整清晰地呈现在读者前面，至于对历史的理论思辨则只能是第二位的工作。确实，在历史的客观史实尚没弄清的情况下，何谈历史研究，又何谈理论思辨与学术创新。正是在这种观念指导下，张大明先生写成了这本以史料为主的著作。

《百年史》所用史料有三个特点：一、原始性。书中百分之九十以上的史料都来自原始报刊或初版本，尽量不用第二手资料。即使偶尔使用了近一二十年出版的重印本或选集，也是作者和编者没有修改加工过的。该书所用史料大部分是作者阅读原始报刊所得，如《少年中国》《小说月报》《时事新报·学灯》等，笔者粗略统计了一下，涉及的民国报刊有80余种，民国书籍有100余种。因此，该书为读者呈现的是原汁原味的史料，通过这些史料我们得以走近历史的原貌。二、科学性。由于本书所用史料大部分来源于原始报刊或著作的初版本，不是第二手资料，没有人为的删改或误传，所以，史料的可靠性、准确性、科学性就得到了有效的保证。史料是研究的基础，但只有科学、可靠、准确的史料才能为研究者所用，只有可靠的史料才能为作者的论点提供可靠的支撑，这是研究者在史料运用上必须注意的问题，《百年史》在这方面为我们作了示范。三、系统性。这里所说的系统性有两方面的含义，一方面指史料收罗的完备，张大明先生花费大量心血在史料的收集上，举凡有关现代文学中象征主义的史料，特别是20世纪二三十年代难以寻觅的史料，他几乎以竭泽而渔的方式统统搜集了来，一些看似与象征主义无关而实际上密切相关的史料就在作者的细心采撷下进入研究者的视野。如该书第22页"1919年5月1日"条目下，作者提到《新潮》杂志第1卷第5号（1919年5月1日）罗家伦《驳胡先骕君的〈中国文学改良论〉》，在这篇似乎与象征主义毫无任何关系的文章中，张大明却发现英文"symbolism"一词首次被译为"象征主义"的重要史料。该书诸如此类的条目还有很多，不一一列举。可以说《百年史》所搜集的象征主义史料是同类著作中最完备的。系统性另一方面的含义是就时间而言，该书名为《中国象征主义百年史》，第一次对20世纪百年象征主义在中国的传播、演变进行探究，时间跨度大，视野相当开阔。

《百年史》做的是最基础、最原始的史料工作，这种史料工作往往不被理解，有人认为它缺乏理论思辨性和学术原创性，有人甚至干脆拒绝承认它是一门学问。但是，学术研究假如离开了最基础的史料与史实，理论思辨与学术原创又从何谈起！如果没有较为深厚的学术素养也很难从事基础的史料工作。史料工作本身就是一门非常复杂高深的学问，它不但需要毅力与忍耐，还需要学养与智慧。张大明先生长期从事现代文学思潮的研究工作，在现代文学思潮方面的研究成果可称得上硕果累累，如果没有这方面深厚的学术积淀作为后盾，没有几十年对史料勤勤恳恳的搜集与整理，没有对历史的独特认知，就很难产生《百年史》这样一部著作。

如果从整个现代文学学科发展的大背景看，《百年史》重视史料的意义与价值会得到更进一步的显现。史料在学术研究中居于基础性地位，随着现代文学学科逐渐走向成熟，史料以及史料工作正被越来越多的人所重视，大批史料方面的研究成果出现并为人们所用，极大推动了现代文学研究的进展。一系列现代文学史料会议的召开更把现代文学研究界对史料问题的关注推向一个高潮。但我们还应该认识到现代文学的史料工作还有很多不尽如人意的地方，这一方面仍是一个有待加强的领域，存在的盲点还很多。就现代文学思潮研究而言，现代文学思潮研究的历史比较长，出现了大批高质量的研究成果，但我们也不无遗憾地看到：与现代文学思潮研究的大批成果相比，现代文学思潮方面的史料工作显得相对薄弱，有很多空白尚待填补，这种状况已经极大制约了思潮研究的进一步开展。《百年史》率先在这方面走出了第一步，它的出现不但是思潮史史料方面的一个重要成果，同时还说明现代文学的史料工作正在向更专门、细致、深入的方向发展。

二

《百年史》"以史料为主"的特点如上所述。那么，接下来的问题就是：如此丰富的史料最终以什么样的方式呈现？这牵涉到该书另一引人注目的特点，就是编年体体例的采用。桑逢康先生评价该书："……尤其是在叙述构架上，只有他能够也敢于用编年史的体例，把如此丰富浩瀚的西方文学思潮在中国传播与影响作如此详尽而又明晰的梳理。"（见桑逢康为《百年史》一书作的序）桑逢康先生注意到了它的独特写法，并且明确把它概括为"编年史的体例"，确实是点到了该书书写方式上的独特之处。

该书采取编年体的体例进行史料的编排与写作。作者把收集到的与象征主义有关的史料（文章或专著）按照发表日期，一则史料为一条目，以年月日的顺序进行排列，形成了编年体的体例。编年体是我国历史写作的重要体例，文学研究中作家作品、年表与一些史料汇编也多采用编年体体例，现代文学研究专著虽有采用编年体例的，但数量还不是太多。而现代文学思潮研究专著采用此种体例的，《百年史》可说是第一部。因此，作者说自己这本书是前人没有写过的，"文坛上、学术界还没有这种书，它是首创的"(见《百年史·写在前面》一文)。这并非自夸。作者为什么采用编年体的体例呢？这首先应该从该体例本身所具有的优点中去寻找。编年体按照时间的顺序来记录历史事件，"系日月而为次，列时岁以相续"(见刘知几《史通·二体》)，读后使人对历史事件发生的次第顺序与阶段性特征能有一个详尽而清晰的了解。《百年史》把象征主义在中国百年的传播、接受与演变分为"五四"时期、左翼文学时期等九大时期，然后把每一时期内的重要事件、文章、专著，用条目的形式按时间顺序一条一条展示出来，条理非常清晰，读后使人一目了然，这种效果是非编年体著作难以达到的。让我们看该书第一个条目，这一条目的时间是1915年11月15日、12月15日，这是陈独秀《现代欧洲文艺史谭》刊载于《青年杂志》第1卷第3、4号的具体日期。在这篇文章里，陈独秀介绍了王尔德、霍普德曼、梅特林克、安德列耶夫等作家，然而却是把他们作为自然主义作家加以介绍的。由该条目可清晰知道象征主义作家在1915年底已经受到现代作家关注，但其受到关注的原因却来自现代作家对他们的误读。该书第二个条目的时间是1918年3月15日，这一天，俄国作家索洛古勃（Sologub）原著、周作人翻译的小说《童子Lin之奇迹》刊载于《新青年》第4卷第3号。这是俄国象征主义作家索洛古勃（Sologub）第一次在中国文坛露面。该书第三个条目的时间是1918年3月15日，这一天，陶履恭《法比二大文豪之片影》刊载于《新青年》第4卷第5号。在该文里，第一次出现"symbolism"，并译作表象主义。而"symbolism"译作现在通行的"象征主义"则是在1919年5月1日，这一天，罗家伦《驳胡先骕君的〈中国文学改良论〉》发表于《新潮》杂志第1卷第5号。从以上举出的几个条目可以看出，作者用编年体的形式，通过对时间的演绎，使我们极为清晰地把握到象征主义进入中国的具体过程，既精确又生动。其次，编年体体例按照历史事件发生的本然顺序进行编排写作的史料呈现方式，能最大限度逼近历史原生态，使读者置身于原初的历史情境中，去接触、感受历史，获得一种历史现场感。《百年史》对中国现代文学象征主义百年传播与接受史的描述，在现有的象征主义研究专著中，是最接近历史原貌的，是没有经典化的、原汁原味的象征主义百年演变史，这一点从上述的几个例证可以得到证明。该书在采用编年体的体例、以条目的形式来排比史料时，还有一个非常值得令人称道的地方：它能深入历史的细节，把一些看似琐碎无关的史料呈现出来，而正是这些史料把我们带回到过往的历史场景中。例如，在以上提到的"1918年3月15日"这一条目中，作者捕捉到了"symbolism"一词第一次出现并译作"表象主义"这一珍贵史料，而在1920年1月5日、6日、7日这一条目下，作者又列举了雁冰《表象主义的戏曲》一文，该文刊载于《时事新报·学灯》"文学丛谈"专栏，作者在介绍该文内容后特意指出："这是中国文坛第三个将象征主义译作表象主义的人。"作者之所以如此不厌其烦地指出这一点，其意图很明显，就是为了让读者明白在象征主义进入中国的过程中，还经历过被认作是"表象主义"的一个阶段，而这一阶段，往往被我们的文学研究者所忽略不计。《百年史》正是通过诸如此类对历史细节的把握，使读者深入到历史的细部，看到了历史的原生态。《百年史》编年史体例的采用也与作者独特的历史观有关。张大明先生认为历史写作的目的无非就是追本溯源，把历史的线索理清楚，把来龙去脉说明白，为了完成这一任务，编年体就成了他的首选。该书的很多条目皆涉及象征主义诸多方面的"第一"，例如，1919年2月15日，周作人《小河》刊载于《新青年》第6卷第2号，在作者为该诗作的小序里第一次出现波德莱尔的名字；1919年9月15日，赵若英《现代新浪漫派之戏曲》发表于《新中国》第1卷第5期，这是中国文坛第一篇谈及象征主义的文章；1920年4月15日，易家钺《诗人梅德林》刊载于《少年中国》第1卷第10期，这是中国文坛第一篇比较详细地介绍梅特林克的文章；等等。这些"第一"，把象征主义的源与流作了详尽的说明，达到了追本溯源的写史目的。

  当然，编年体并不是一种完美的写作体例，它也有难以克服的缺陷。它所包含的时间链具有相对的自闭性，常将连续的历史事件割裂成零碎状态。《百年史》虽采用编年体的体例，却用其所长而弃其所短，没有将历史事件割裂成一个个断片。因为它虽采用编年体，但它进入历史的切口很小，始终围绕象征主义在中国的百年传播做文章，把象征主义在中国百年传播这一历史事件做了原原本本、有头有尾的叙述，读后给读者以完整的印象。由此看来，张大明先生不但有鲜明的史料意识，而且对于历史写作的体例问题有自己独特而深刻的理解，他在这方面的贡献，对于文学史特别是文学专题史的写作，有一定借鉴价值。

编年体体例的采用，看起来简单容易，似乎把一条条史料用条目的形式按时间顺序依次排列即可，不像理论专著，需要作者煞费苦心地经营布置，加工文饰。这种看法完全是对编年体的误解。编年体同样需要对史料进行细致的梳理排比，其中所费的爬梳剔抉的工夫比之理论著作有过之而无不及。另外，编年体的写作是一项客观性极强的工作，对史料的准确性、科学性有着很高的要求，丝毫也马虎不得。任何一个条目时间上的微小错误，都会使作者精心编制的时间链断裂，从而影响著作整体的质量和可信度。编年体的写作完全倚重史料的收集、考订、整理与占有，是完全建立在史料之上的写作。没有非常充分的史料准备，没有丰盈的史料占有量，编年体的写作就难以为工。从这个意义上讲，张大明先生选择编年体来写作《中国象征主义百年史》这样一个大题目，需要相当大的勇气和自信。但是，他还是选择了这样一种写作体例，并且取得成功，这与他对史料的充分占有和持之以恒的现代文学思潮研究工作是分不开的。近二十年来他一直致力于现代文学思潮的研究，取得了骄人的成绩，已经出版了《中国现代文学思潮史》（合著）和《西方文学思潮在现代中国的传播史》两本大书。他以多年艰苦辛勤的劳动，从原始报刊入手，全方位地、系统地搜集到的一个世纪以来象征主义在中国的输入、传播、影响方面的史料，多达五百余万字，正是有了史料的独立准备，他才敢于和终于能够选择编年体的写法来结构自己的第三部大书。阅读本书一个个纷至沓来、奔赴眼底的与象征主义有关的条目，令人目不暇接，恰似享受一场"史料的盛宴"。

早在20世纪80年代，就有学者提倡用中国传统朴学的方法来研究新文学。《百年史》对史料的倚重与偏嗜，对史料的考订与收集，先史述而后史评，以及编年史体例的大胆采用，无不具有浓厚的朴学色彩，称得上是以朴学方法治现代文学思潮史成功的一个范例，对于中国现代文学研究具有方法论上的示范意义。

近现代文学期刊研究的重大收获

——评刘增人等编著《1872—1949 文学期刊信息总汇》

刘增人、刘泉、王今晖三位先生编著的《1872—1949 文学期刊信息总汇》（以下简称《信息总汇》）2015 年 12 月由青岛出版社出版。该书分四大卷，正文 3555 页，索引 278 页，共 500 万字，洵为皇皇巨著。它的出版，是 2015 年现代文学研究界的一件大事，是近现代文学期刊研究的重大收获。本书的出版，将大大推动近现代文学期刊研究的进展。

进入近现代，文学迎来了一个以报刊为中心的时代，报纸、期刊成为文学传播的主要媒介，这不但改变了文学的存在样态，而且带来了文学研究方式的转变。由于近现代文学的第一发生现场是报刊，因此，近现代文学研究，也需要回到报刊，回归历史原生态。这决定了近现代文学研究，在某一重要层面上，其实就是近现代文学期刊研究。由于近现代期刊研究在近现代文化、文学研究中占据无可替代的重要位置，在刘增人之前，已经有不少先行者，在期刊史料整理和期刊研究方面做出重要贡献，奉献了许多奠基性研究成果。最早如民国时期阿英、唐弢对晚清民国报刊史料的搜集、整理与研究，新中国成立后五六十年代如张静庐《中国现代出版史料》及《中国现代出版史料补编》的出版，《中国现代文艺资料丛刊》对现代一些重要文学期刊的介绍，上海文艺出版社和上海书店对现代文学期刊的成规模影印，现代文学期刊联合调查小组《中国现代文学期刊目录（初稿）》（收录现代文学期刊和报纸副刊共 1586 种）的出版，20 世纪 80 年代则有《抗战文艺报刊篇目汇编》、《抗战文艺报刊篇目汇编》（续一）、《上海"孤岛"文学报刊编目》、《文艺期刊索引》等书出版。其中颇值一提的则是《中国近代期刊篇目汇录》（上、中、下三卷，上海人民出版社出版，第1卷于1965年出版，第2卷、第3卷于1979—1984年陆续出版）、《中国现代文学期刊目录汇编》（上、下卷，天津人民出版社1988年版）和《中国现代文学期刊目录新编》（上、中、下三卷，上海人民出版社2010年版）的出版。这里粗略回顾现代文学期刊研究方面的先行者以及这方面出现的代表性成果，只是为了说明期刊研究自始至终就紧紧伴随着近现代文学研究，近现代文学研究的史料建设离不开期刊研究，近现代文学研究今天能取得重要成绩，同样离不开期刊研究。把《信息总汇》置于整个近现代文学期刊研究史上来考察，会发现这部巨著，继承了现代文学期刊研究先行者那种勤谨朴实的治学精神，在吸收、承继前人期刊研究成果的基础上，又实现了对前人研究成果的超越。

首先，该著是迄今为止对近现代文学期刊最全面的一次介绍和呈现。《信息总汇》收录1872—1949年间的期刊共计10207种，收录期刊图片1510幅，远超出之前的文学期刊研究专著、近现代文学期刊目录学著作和工具书，是真正名副其实的近现代文学期刊"信息总汇"。20世纪五六十年代现代文学期刊研究方面的重要收获应该是现代文学期刊联合调查小组编辑的《中国现代文学期刊目录（初稿）》，该书收录1586种现代文学期刊和报纸副刊，被认为是收录现代文学期刊最多的。这之后，1586的数量再也没有被超越，直到《信息总汇》出版。当然，《中国现代文学期刊目录（初稿）》只是着眼于现代时期的文学期刊，而《信息总汇》则同时囊括了近代和现代两个时段。但只就现代时段（1917—1949年）来说，《信息总汇》所收录的，已达9800余种。可以肯定，《信息总汇》是收录现代文学期刊最全、数量最多的，通过《信息总汇》，现代文学期刊方面的"家底"大致摸清。

当然，有人可能会质疑：近现代文学期刊有10207种之多吗？近代文学期刊先不论，只就现代文学期刊说，据刘增人先生此前的综合考察，大概有3500种以上[1]，而《信息总汇》所收录的现代文学期刊，竟达9800余种，比3500多一倍而有余。两个数字的巨大差异，牵涉到对"文学期刊"

---

[1] 刘增人等：《中国现代文学期刊史论》，新华出版社，2005，第674页。

性质的认识问题。刘增人先生在《中国现代文学期刊史论》中所说的3500种,所指应多为纯文学性质期刊,而他在《信息总汇》中所收录的9800余种现代"文学期刊",则既包括纯文学期刊,也包括"涉文学期刊"。"涉文学期刊"一词是刘增人先生的独特创造。据他理解,"涉文学期刊",即涉及文学的非纯粹文学期刊,系指设有文学、文艺栏目,或以一定篇幅发表文学、文化作品及文学研究、文化研究文章的综合性、文化性期刊,电影、戏剧等艺术类期刊,以及以一定篇幅发表文学、文化作品或文学研究、文化研究文章的其他专业性期刊,如校刊、学报、同学会会刊、同乡会会刊等[①]。刘增人先生自谦"涉文学期刊"一词乃系他的杜撰,但此名词之"杜撰",倒恰恰显示了他的匠心,他对现代文学期刊研究事业的执着,他对现代文学与现代思想、文化的关系以及对纯文学期刊与思想文化类期刊关系的深刻理解。

中国现代文学发生于五四新文学运动,而五四新文学运动则附属于五四新文化运动,是新文化运动的一个有机组成部分。新文化运动从本质上讲是一场思想启蒙运动,这种性质决定了中国现代文学乃至整个20世纪中国文学的特性,即具有强烈的"思想性"或"思想先行性"。五四新文学强烈的思想性首先可从新文学在报刊的存在样态上得到说明。作为新文化也是新文学诞生标志的《新青年》是一综合性文化刊物,在这个刊物上,文学作品与其他非文学的文化类文章和谐共处,彼此共生。这种文学与思想,文化"共在"的关系与样态是由新文学附属于新文化、它只能通过参与新文化而得到自身的现代性身份证明这一点而决定的。文学作品处身于思想文化类作品的群落之中,是为了以文学的方式而完成与其他文化思想类文章一样的使命,即思想启蒙。当然,并非所有的"涉文学期刊"中都存在这种文学与非文学类文章彼此共生、互相生发的和谐关系,但有一点可以肯定,"涉文学期刊"中文学与非文学类作品共处一体,文学类作品,既存在于纯文学期刊,又栖身于各种各样的"涉文学期刊",确实是中国近现代期刊史上的一大景观。因此,要考察近现代文学,只着眼于纯文学期刊是

[①] 见刘增人、刘泉、王今晖:《1872—1949文学期刊信息总汇》第1卷,青岛出版社,2015,第3页。

远远不够的，我们要把视野放开阔一点，由纯文学期刊延伸至数量庞大的"涉文学期刊"，甚至是与文学毫无关涉的各种文化期刊、政治期刊、教育期刊，才能更为清楚地认识近现代文学的性质。刘增人先生提出"涉文学期刊"一概念，说明他已经深刻认识到近现代时期文学与文学背后的文化、思想、政治、经济等之间错综复杂的关系，认识到"涉文学期刊"对于现代文学研究的重要价值。

当然，对于《信息总汇》所收录的10207种文学期刊，有人还会提出更深一层质疑：现代文学研究已经成熟，现代文学正在走向或已经走完经典化的路途，现代文学作品要大浪淘沙，当前现代文学研究更应该做的是"减法"而非"加法"，在这种情势之下，近现代文学期刊有必要收集得这么多、这么"滥"吗？这种质疑看似颇有道理，细究却毫无理据。因为，从现代文学作品经典化的意义上说，现代文学研究无疑要做"减法"；但为留存现代文学、文化、思想史料计，为现代文学的真正经典化而非"伪经典化"考虑，做文学作品经典化"减法"的同时还要再做文学史料包括报刊史料的"加法"。史料工作永远是研究工作的基础和前提，史料工作不可能一劳永逸。当前近现代期刊研究和史料工作虽然出了不少成果，有了较大进展，但存在的问题同样不少，报纸与报纸副刊方面的研究工作存在的问题更多。总之，现代文学在报纸和期刊方面的"家底"并没有完全摸清。正是基于这种认识，刘增人等先生才逆势而行，一反学界"经典化"的主流话语，本着"宁滥毋缺"的原则，有闻必录，有见必录，既搜集和整理纯文学期刊，又收录可能与文学关系并不很大的"涉文学期刊"，从而使近现代文学期刊的收录，在数量上达到不易企及的新高度。这种做法，符合史料学的精神，是应该得到现代文学研究界充分肯定和文学研究者的致敬的。史料工作，最忌讳在工作之初就对史料抱有高下优劣的先入之见，这种先入之见往往会遮蔽许多有用有价值的史料。就近现代文学期刊来说，它们确实存在影响有大小、质量有高低的问题，但对它们"质"的价值判定应由研究者作出，对于史料工作者特别是期刊研究的史料工作者来说，他们要做的则是尽可能摒弃先入之见，多角度多侧面呈现期刊发展的历史原貌。而要做到这一点，则必须由"量"入手，尽可能多地搜集整理近现代文学期刊及"涉文学期刊"史料，展示给读者和研究者。从事现代文学期刊史料搜集、整理的工作者，搜集的史料越全面，所做的工作越深入，那么，研究者对文学史的判断就会越准确，进入研究工作的步伐就越快，现代文学史的研究水准也越高。可以这么说，近现代文学报刊史料工作的广度，某种程度上决定了近现代文学研究的深度。因此，现代文学研究包括期刊史料工作，更应该提倡《信息总汇》所提出的"宁滥毋缺"原则，这样我们的史料工作就会少一点先入之见和主观意识的遮蔽。

其次，编写体例的创新。《信息总汇》收录近现代文学期刊10207种。这么多期刊，怎样清晰有序地呈现给读者，是摆在编纂者面前的一个难题。从现有编写体例看，编纂者对该难题做了较好处理。《信息总汇》分上下编，上编为《时间序列中的文学期刊信息（1872—1949）》，下编为《空间序列中的文学期刊信息》。上编在体例上遵循纵的时间轴，通过编年排列，使读者能非常清楚地把握近现代文学期刊发生、发展、演进的轨迹；下编在体例上遵循横的空间轴，按照文学期刊创刊的所在地排列，既便于读者检索，又可以呈现出各个地区文学期刊发展沿革的基本轮廓。中国近现代文学发展在空间分布上是很不均衡的，这种发展的地域差和不均衡状态，可由各地域所拥有的文学报刊数量得到部分说明。《信息总汇》下编按照空间轴对各地文学期刊的展示，当能为我们从空间角度认识近现代文学发展，提供一便捷有效的途径。

最后，期刊信息著录方面有诸多亮点。《信息总汇》由于收录期刊众多，因此，无法如《中国现代文学期刊目录汇编》等目录学著作那样，以期刊内每期详细目录的形式来呈现期刊，只能简化为对各期刊性质、创刊地、创刊时间、编者及发行人、刊期、栏目、撰稿者等情况的概要性介绍。其中，对于期刊撰稿者情况的介绍最为详细。考虑到本书收录的文学期刊太多，这样的概要性质的介绍已属不易。在编写体例之外，《信息总汇》在期刊著录、介绍方面也存在诸多亮点。其中，该书对期刊题名的著录独具特色。由于近现代文学期刊存在一刊多名或多刊一名的复杂情况，该书对期刊题名的著录采用了不同的方式。对于一刊多名，大体按照刊名使用先后标出，如《青年杂志·新青年》；对于多刊一名，则在刊名后注明创刊的时间、地域，以示区别，如《小说月报（1910·上海）》《小说月报（1940·上海）》，这样读者就一目了然。有的刊物封面与版权页、内封、书脊所署不同，则尽可能并列标出，如《甲寅·甲寅杂志》。在以上三种刊物题名方式中，第二种最为可取。因为从事期刊研究的学者都知道，多刊一名的现象在现代文学期刊中非常普遍，《信息总汇》对这种现象的处理不失为一种行之有效的方法。

近现代是期刊发展的黄金时期，这段时期涌现的近现代文学期刊的数量本来已够庞大，再加上各种"涉文学期刊"，史料搜集与研究工作的难度无疑会大为增加。但刘增人等先生不为横在前面的困难所动，一如既往在期刊园地工作50年，"一卷编就，满头霜雪"，为读者奉献了这部大书。这份执着、这份愚痴中所显示的对文学的真诚与担当，令人不禁为之动容。

不过，《信息总汇》作为近现代文学期刊研究史上的重要一环，它自身同样不可能是尽善尽美的。首先，《信息总汇》收录的近现代文学期刊虽达到10207种之多，但仍有遗漏。笔者简略考察了本书所收录河南部分的现代文学期刊，就发现1941年部分漏收了《文艺反攻》，1947年部分漏收了《平原文艺》，粗粗浏览后，发现河南部分漏收的还有一些。河南部分如此，其他部分当同样如此。其次，《信息总汇》对期刊的收录方式可以进一步改进。由于关涉的文学期刊过多，现有的期刊概要性质的介绍、著录方式实属不得已而为之，笔者对此非常理解。但为了给近现代文学研究提供方便，笔者还是希望能采取如《中国现代文学期刊目录汇编》的方式，对每种期刊（以前期刊史料著作中已经记载详细目录的除外），既有提要性质的介绍，又有每期详细目录，这样更便于研究者使用。

师陀研究的新开拓

——评刘增杰编校的《师陀全集》

经过多年辛苦努力，刘增杰先生编校、河南大学出版社出版的《师陀全集》（以下简称《全集》）终于和读者见面了。师陀（1910—1988），著名作家，河南杞县人。原名王长简，笔名芦焚，1946年后改名师陀发表作品。师陀于1931年走上文学创作道路，随即蜚声文坛，发表了大量有较高艺术价值的作品，于小说、戏剧、散文等皆有尝试，对20世纪中国文学做出了巨大贡献。《全集》收入师陀自1931年以来创作的全部作品，包括短篇小说、中长篇小说、散文、散文诗、诗歌、戏剧、未刊稿、书信、日记、文学论文等，按文体编为5卷，共8本，依时间先后顺序编排。《师陀全集》保持了较高的学术品格和学术含量，它的出版对于开创师陀研究的新局面，必将起到极大作用。

具体来说，《全集》的学术品格和学术含量体现在以下三个方面：

第一，《全集》是迄今为止最完备的师陀著作的结集。当前，全集不全是全集出版中的一个常见现象，也是全集出版屡屡受人质疑的重要原因。全集的编纂要尽可能完备（即全），这样才能名副其实，为研究者提供最充分的资料支持。然而，全集要做到"全"，甚至只是接近"全"又何尝容易！这是因为，全集的编纂并不仅仅是单纯的资料收集工作，它本身就是一项高难度的学术研究工作，不但要求编者对作家的生平和创作情况非常熟悉，还要求编者对作家作品的发表情况有较深入的了解，因此，只有研究有素的专家学者才能胜任这样的工作。刘增杰先生作为一名师陀研究专家，多年以来一直从事师陀作品的研究、整理与发掘工作，由他编辑的

《师陀研究资料》作为中国现代文学史资料汇编（乙种）于1984年出版，对当时的师陀研究就曾起到过有力的推动作用。该书出版后，刘增杰先生又经过多年锲而不舍的努力，本着求全原则，对师陀作品进行了较为全面的搜寻，以前研究者未见的大量作品第一次被收入《全集》。例如，《全集》第1卷新收入的短篇小说就达21篇之多，第2卷中师陀两部未完成的长篇小说《雪原》《荒野》也是首次收入，第3卷新收入散文23篇、散文诗《夏侯杞》1部，第4卷的电影剧本《历史无情》《洋场狼群》，第5卷的大量书信、日记、思想汇报、自我检查，也是首次发表。《全集》此次新收师陀作品共计约120万字，占全集总字数的三分之一以上。它们的首次结集出版，必将引起现代文学研究界的广泛关注，大大促进师陀研究的进一步发展。

第二，重视版本的鉴别与选择。本书在版本方面有三点值得称道。一是初版本的选用。全集的编纂只求全还远远不够，还必须求"善"，即选择好的版本。可以说，版本的优劣直接决定一书的学术品格。由于特定的历史、政治、文化等原因，现代作家在不同的历史时期，往往对自己的作品进行过不止一次的修改，这种情况造成了现代文学版本问题的复杂性。师陀作品就存在这种一书多版的情况。例如，短篇小说集《果园城记》1946年由上海出版公司出版初版本，1958年师陀修改后又由新文艺出版社出版了修改本。中篇小说《无望村的馆主》1941年7月作为"开明文学新刊"由开明书店出版，1983年7月作为"上海抗战时期文学丛书"之一，由福建人民出版社出版，这一版与初版差异很大。长篇小说《结婚》也存在着多个版本。刘增杰先生在编辑《全集》过程中，严格遵循历史主义原则，对作品版本上的差异进行了颇为细心的鉴别，尽量采用作品的初版本，以恢复历史原貌，为师陀研究者和读者提供可以放心使用的本子。当然，对初版本的重视并非意味着拒绝后出的其他版本。《全集》以初版本为底本，还参照后出的其他版本，对初版文字上的讹误作了细心辨析、校勘，进一步提高了初版本的质量。二是交代版本沿革。由于现代作家对作品的多次修改以及作品的多次再版，现代文学作品在诞生后便经历着版本变迁的过程，编者在编辑出版这些作品时，交代清楚作品的版本源流是非常必要的。《全集》在收入的每部作品或集子前面，都详细交代了它的版本沿革情况。

例如，《全集》对《果园城记》的版本作了这样的说明："《果园城记》为文艺复兴丛书第 1 辑，1946 年 5 月上海出版公司初版，署名师陀。除《序》外，收入 18 篇短篇小说。此后又有上海新文艺出版社（1958 年版）、解放军文艺出版社（2000 年版）、人民文学出版社（2001 年版）等不同版本。"这种说明使读者对师陀作品的版本沿革有清晰的了解，为读者选择阅读和研究者研究提供了便捷途径。三是在初版本以外，还收录了修改版。作家对作品的修改，造成现代文学同一作品存在不同文本（版本）的复杂情况，在编辑这样的作品时，怎样解决这种现象和难题？最为理想的解决办法莫过于采用汇校，即以初版本或定本为底本，再把其他版本不同的地方一一注释出来。不过，这种本子对研究者最为适用，一般读者不一定接受。刘增杰先生在编辑《师陀全集》时采用了另一种办法，即在采用初版本的前提下，把其他版本差异较大的章节作为附录附于文后，以便让读者对照。对《无望村的馆主》就是做了如此处理，在此书的初版本外，编者还收入了其他版本的部分章节。这种做法是个大胆的尝试，对于其他全集的编纂应该有所启发。

第三，校勘的精审。《全集》不是一般意义上的编辑，而是编校。刘增杰先生非常重视校勘在编辑活动中的重要性，认为传统校勘学方法只侧重文字校订，对于以期刊为主要载体的文学作品来说，这种方法已经有点过时，因此，他认为传统校勘学应该向现代校勘学转型。在编辑《全集》的过程中，他提出现代校勘应注意的几个问题：一、同名异文。二、异名同文。三、署名同而作者为不同之人。四、对文集编选过程中出现的矛盾现象，要想方设法刨根问底，不能主观臆断。五、作品体裁的鉴别。六、版本的鉴定。对以上问题的关注，大大提高了《全集》编辑的学术含量，使全集质量有了可靠保证。

海派文学研究的重要创获

——简评《穆时英全集》的编撰特色

严家炎、李今编撰的《穆时英全集》（以下简称《全集》），2008年1月由北京出版社出版集团、北京十月文艺出版社出版。《全集》分三卷：第一、二卷为小说卷；第三卷为散文、理论与批评、译文卷，该卷除收集穆时英的作品外，还以附录的形式收录了关于穆时英的评论与回忆文章以及作家年谱简编。迄今为止，《全集》是穆时英作品最完备的一次结集，它的出版，标志穆时英研究进入一个新阶段，对海派文学研究具有重要意义和价值。该全集的编撰特色主要有以下两点：

一、作品收集全。从《全集》的名称上就可以看出，编者对穆时英作品的收编，力争做到"求全责备"，为读者和现代文学研究界贡献一部最完备的穆时英作品集。被誉为"新感觉派圣手"的穆时英，是海派文学发展过程中非常关键的人物，对他的研究已有不少文章，且达到了一定深度。然而，在相当长一段时间内，我们对他究竟创作了多少作品这样一个最基本的问题，却并不了解。他的作品虽然以各种形式不断再版，但大多是在炒他生前已经结集的四个短篇小说集的冷饭，它们是《南北极》《公墓》《白金的女体塑像》《圣处女的感情》。这种史料的低水平重复，已经极大限制了穆时英研究甚至海派文学研究的整体水平，制约了海派文学研究的进一步发展。也许是意识到了这个问题，从很早开始，严家炎、李今两位先生就着力于穆时英集外佚文的收集与整理工作。在他们的努力以及学界同人的热心帮助下，穆时英散佚在三四十年代报刊上的大量佚文终于重见天日，这里包括穆时英创作的短篇小说、长篇小说、散文和理论批评文章。全集

第一卷中《南北极》《公墓》为已结集的作品，长篇小说《交流》则是首次与读者见面。这是穆时英最早创作并正式出版的长篇小说，是他真正的处女作。《全集》第二卷中除《白金的女体塑像》《圣处女的感情》为已结集的作品外，其他6篇短篇小说和长篇小说《中国行进》则是第一次被发现的作品。其中尤为值得一提的是《中国行进》（又名《中国一九三一》）大部分章节的发现。根据著名编辑家赵家璧先生回忆和当时报刊上的文学广告，穆时英生前确实创作过一部名为《中国行进》的长篇小说，然而，这部小说是否出版，最初发表于何处，很久以来，一直是桩历史悬案。严家炎先生通过追查历史线索，最后在旷新年和张勇两位先生的帮助下，终于发现了《中国行进》的大部分章节，加上原来作为短篇发表的《上海的狐步舞》，共计15万字左右，较为成功地恢复了这部小说的原貌，为我们研究穆时英短篇小说之外长篇小说的创作，提供了坚实的基础，为海派文学发现了一个典型的创作文本，在海派文学研究史上写下了浓墨重彩的一笔。《全集》第三卷所收录的穆时英的大量散文、理论批评文章及译文也是为编者发现而首次收入集中的佚文。粗略统计一下就可以发现，三卷《全集》中，编者收集的佚文就占到了六成之多。《全集》确实可以称得上是穆时英作品的一次最为完备的整理与集结，对于穆时英研究的意义和价值不言而喻。

二、版本编校精。《全集》所收录的穆时英佚文大部分来自原始期刊和报纸的文艺副刊，这些文章存在字句上的错讹是难免的，编者在把这些文章收入《全集》时，抱着审慎的态度，尊重历史的原貌，没有以己意对这些错讹之处随意加以改订，而是原文收入，不作任何改动，然后在编者自认为可能的错讹之处，以注释的形式标注出来，这种历史的审慎的态度和做法，是辑佚工作应该遵循的一个基本原则。《全集》所订正的错讹有几种情况，一为错字。错字的情况分多种情况，一种为文句明显不通，如《全集》第三卷所收录的《伟大与天才》，该文原刊于1934年10月13日天津《大公报》。该文中的"三十年的沉默如三十年的深思"，此句在文义上明显不顺，但编者并没有对此病句作随意改动，而是原文照录，只是在"如"字下加一注释："疑为'加'或'和'的错字。"一种是文句本身没有问题，但与前后文不照应，例如同卷所收《中年》有"我们全有过苹果色的腮，和青色的脸"一句。"青色的脸"本身说得通，但表达的文义却与"苹果色的腮"相反，因此，编者在"青色"下加注释："疑为'年'或'春'的错字。"一种是文句没有语病，但句中之词则不合规范，如卷三《记者座小景》有"等后面大喊外史氏生下来的时候"一句，句中"生"字有问题，编者在此字后加注："疑为错字。"二为脱漏，这又分两种情况。一种是文句不通，如《全集》卷三所收《新秋散记》中有"望着和平线溶合了的天空"一句，句子明显有问题，编者在"和"字后加注："疑脱漏'地'字。"另一种是文句本身没有语病，然而，从前后文的语境看来，该文句所表达语义则明显不通。与前例比较起来，这种文句的错讹就不很明显，不经过反复阅读和细心琢磨很难发现。例如，《全集》第三卷收录的《上海之梦》，有一句为："在一条曲折于僻镇和农庄中间的幽径上都印过我的足迹。"文句本身没有任何问题，然而，从上句的"每一条小河"和下句的"每一棵树，每一朵野花，每一株草"可发现，这一句的"一"字前也应该有"每"字。像这些细小的问题也被编者发现了，于是就有了"在"字下那一条注释："疑脱漏'每'字。"三为疑词。这里所说的"疑词"指不太规范的名词或可能存在问题的专有名词如人名、地名等。《全集》卷三所收《希望实现了》，有一句为"我所读的最后一本剧本是E.G.O的Cledn那还是四年前的事"，此句不但标点有问题，而且其中的英文人名和剧本名字都无法加以考证是否正确，因此，编者把它们作为"疑词"加以处理，在英文人名和剧本名后分别加注："原文如此。"卷三所收《夜间音乐》一文有"唱着Drigo的小夜曲"一句，其中"Drigo"应为人名，但已不可考为何人，于是编者在此人名后注释："原文如此。"四为字迹不清。民国时期的期刊和报纸，有的印刷质量不太高，常常存在字迹模糊的现象，遇到这种情况，编者采取审慎的态度，以空格代替，并在下加注："字迹不清。"卷三所收《故乡杂记》就是这么做的。由以上可以看出，《全集》的编纂，不是一般的编，而是编、校结合，这种做法极大增加了编者的工作量，但奉献给读者的却是值得信赖、可放心使用的版本。

　　《全集》的编者严家炎先生和李今先生都是海派文学研究的专家，在海派文学研究和资料收集方面已经做了多年的积累和卓有成效的工作，由他们之手而编辑的《全集》取得以上两方面的成绩是自然而然的。当然，任何全集要做到真正意义上的"全"都是不可能的，没有收入全集的穆时英作品肯定还有，但进一步搜寻佚文的工作也只有在全集产生的基础上才有可能。《全集》在穆时英研究和海派文学研究上的重要意义，自然是不容置疑的。

现代文学文献辑录与编校的一个范例

——评秦方奇编校《徐玉诺诗文辑存》

时至今日，文献问题依然是制约中国现代文学研究进一步发展的瓶颈。现代文学文献整理的一个中心环节即现代作家作品的辑录与编校，这方面尚存在不少问题，最突出的是许多重要作家的作品没有得到及时有效的整理，而已经整理出版的，又存在着一些问题，如作品在收录上遗漏严重，版本不讲究，不注明文本出处，编校不精细，擅自删改，等。这些问题无疑极大影响了现代文学研究的科学性和规范性。不过，这些问题已经引起了不少现代文学研究者的注意。现在越来越多的研究者开始关注现代文学文献的整理工作，许多研究者把自己的研究方向转向现代文学文献的整理，不辞艰辛，埋头工作，已有不俗成绩，正是在他们的努力下，现代文学的文献工作正在不断走向科学和规范。在这些默默工作与甘于奉献的现代文学文献整理者中，秦方奇先生就是重要一位。从2005年开始，他就着手于现代著名诗人徐玉诺作品的收集与整理。历经三年书山刊海的艰苦跋涉，他辑录与编校的《徐玉诺诗文辑存》上下两卷（以下简称《辑存》）终于在2008年8月由河南大学出版社出版。该书对徐玉诺诗文的辑录与编校，在每一环节上都严格遵循现代文学文献整理的规范和原则，称得上现代文学作品文献整理工作的范例。具体说来，《辑存》在现代文学文献的辑录与编校方面有以下几方面值得肯定的特色和优点。

首先，《辑存》对徐玉诺作品的收录做到了"全"。现代作家文献整理中所遇到的第一个问题即作品的收录。徐玉诺虽然是五四时期的一位重要诗人，但由于他的创作集中于二十世纪二十年代，到三四十年代鲜有作品问世，几乎从现代文坛消失，因此，很快就被现代文坛遗忘。长期以来，对他的创作少有人加以关注，更谈不到对他作品的整理和研究。他生前其作品结集的只有一部《将来之花园》，商务印书馆1922年8月初版。除此之外，他的部分诗作曾被收入《雪朝》（商务印书馆1922年6月初版，是文学研究会同人的诗歌合集）、《眷顾》（商务印书馆1925年4月初版，该书收录29位新诗人的作品，徐玉诺为其中一位）两部诗集及《中国新文学大系（1917—1927）》，他的部分小说曾收入《中国新文学大系（1917—1927）》。其作品除少量收入这些集子外，大部分皆散佚于20世纪二三十年代的文学期刊和报纸副刊中。1949年后徐玉诺作品结集的只有《徐玉诺诗文选》（刘济献编选，人民文学出版社1987年出版），该书选诗204首，小说16篇，散文1篇，在当时应该是收录徐玉诺诗文最多的一部。但由于是"选"，该书所收的徐玉诺作品还是不全的。秦方奇对徐玉诺诗文的收录，从翻阅原始期刊入手，充分利用已有研究成果和现代文学期刊目录、作品目录并详细考察作家生前各种关系，多方寻找线索，终于发现徐玉诺散佚于期刊和报纸副刊上的大量佚文。《辑存》共收录徐氏诗歌340首，小说25篇，剧本3部，杂感随笔学术论文39篇，书信48封。徐玉诺生前所创作的诗文大部分已收罗于此。另外，徐氏有些作品已知道确切的刊物和日期，但由于客观条件所限，一时难以辑获的，编者还特意编为《徐玉诺佚文存目》作为《附录》附于集后，为研究者提供了极大便利。当然，这里所说的"全"也只是相对而言，由于现代期刊和报纸副刊数量巨大，没有收录的佚文肯定还有，但经过编者如此细心的查找，可以肯定遗漏的佚文是很有限的，这就为下一步研究徐氏的文学创作奠定了非常坚实的基础。

其次，《辑存》对徐玉诺诗文的辑录还做到了"精"。这里的"精"首先指版本而言。对徐氏生前结集的作品，《辑存》一方面遵循初版本原则，尽可能选用作品的最初版本。如《雪朝》选用的就是商务印书馆1922年6月出版的初版本，《将来之花园》选用的是商务印书馆1922年8月出版的初版本，《眷顾》选用的是商务印书馆1925年4月出版的初版本。这就保证了文献的原始性。为了使读者对集子的版本沿革一目了然，编者还在每个集子前新增"编者说明"，对集子的版本沿革和辑录情况进行简要说明。

另一方面《辑存》对于徐氏已收集的作品又采用题下注释和文中注释的形式详细注明集中每部作品在期刊上的原始出处和版本演变情况。从这个意义上说，《辑存》奉献给读者的其实是徐氏作品的汇校本。例如，徐玉诺《雪朝》有一组诗为《杂诗十五首》，编者首先用了大段的题注详细说明此诗在《雪朝》原书中目录是什么，正文诗题是什么，组诗中每首诗发表的原始出处是什么，原题是什么；然后对因版本变化而产生的字句不同作了汇校，如对《杂诗十五首》第四首中"争吵"一词作注："此处在《雪朝》初版本和《时事新报·学灯》发表时均作'争吵'，但《雪朝》二版时改为'挣扎'。"从这则小注可以看出编者至少掌握了《雪朝》的三种版本，并对三种版本之间字句上的异同进行了认真仔细的汇校，其工作量是很大的。对《杂诗十五首》第三首中"我首门"一词作注："此处《雪朝》初版本和《时事新报·学灯》发表时均作'我首门'，但《雪朝》二版时改为'我门首'，根据诗意应似改为'我门首'为妥。"从这则小注可看出编者不但熟悉《雪朝》的各种版本，而且在各种版本间择善而从，不盲从初版本，能根据后来版本成功校正初版本的错误。对《杂诗十五首》第二首中"力"字作注："'力'，《雪朝》二版（1922年10月）时作'刀'。""刀"与"力"意思不同但外形却非常相似，编者能发现其不同，可谓心细如发。对不同版本的汇校，无疑大大加重了编者的工作量，但也增强了《辑存》的学术含量，使读者一编在手而同时看到徐玉诺一部作品的不同版本。对于徐氏没有收集的作品，编者采用"一字不改，原文照录"的原则，不论是否多次刊发，均以初刊本为依据，并在文后或以题下注的形式注明作品发表的原始期刊及作者署名情况，对于组诗中有被收集的，也用题下注的形式进行注明。如对《杂诗》（1、4）作题注："原载1921年10月22日《时事新报·学灯》，署名玉诺。原题为五首，其中2、3、5首后收进《雪朝·杂诗（十五首）》。"值得注意的是，对于同一部作品发表于不同刊物且字句有差异的，编者同样以题注的形式加以注明并对字句的不同进行汇校。如对《丐者》一诗，编者的题注为："此诗1921年12月29日发表于《时事新报·学灯》，署名徐玉诺，又发表于《小说月报》13卷3号。"依据选用初刊本的原则，《辑存》采用了此诗的《时事新报·学灯》版，但又用《小说月报》版，对前一版本进行了汇校。据笔者统计，编者对此诗的汇校有

19处。对于同一作品发表于不同刊物而文本改动较大的，编者则把它们看做是两个文本，进行分别辑录。如徐玉诺创作的小说《骆驼家》，最初刊发于1921年8月30日、31日《晨报副刊》，后又重刊于1921年12月1日、11日《文学旬刊》，但作者对之作了较大修改，若对两个文本采用汇校的方法，明显行不通，于是编者对之进行了分别辑录，这是值得肯定的。

《辑存》的编者在进行版本的处理过程中，还注意到了"同题异文"和"同文异题"的现象。"同题异文"指两篇文章题目相同，但内容不同；"同文异题"则相反，内容相同而题目不同。这两种情况在文献整理中经常会遇到，对文献整理者具有较大迷惑性，若对这两种情况不了解或处理上稍有不慎，便会酿成不小失误，造成文献的失收或错收。"同题异文"和"同文异题"的现象在徐玉诺的诗歌创作中都有存在，其中"同题异文"出现次数最多。遇到这种情况，编者都给予了审慎而合理的处理。对于"同题异文"，编校者依据原刊发表先后顺序对作品进行编排，并以题下注的形式说明同题作品发表的情况。例如徐玉诺创作有两首同题诗《没什么》，一首发表于1921年12月14日《时事新报·学灯》，原题《没什么（一）》，收进《雪朝》时题名《没什么》。一首发表于1922年1月1日《时事新报·学灯》，原题《没什么（二）》。编者依据原刊发表顺序把《雪朝》中《没什么》一诗排在前面，并用题下注的形式对两首同题诗刊发的原始出处、收集情况及原题名都作了交代。徐玉诺发表的同题诗还有《诗》《故乡》《她》《小孩子》《别》《蝶》等，编者对之作了同样处理。同文异题的情况在徐玉诺诗中有一例，就是刊载于《小说月报》14卷7号（1923年7月10日）的《小诗》（1—5），其中第1、2、5首经作者改题为"喊叫"，发表于《晨报副刊》1923年8月7日。对此，编校者有详细注明。"同题异文"和"同文异题"涉及的同样是现代文学版本问题的一个重要方面，《辑存》注意到这点，并作了合适处理，对于现代文学的文献整理工作具有启发意义。

《辑存》对徐玉诺诗文辑录之"精"还体现在编校上。编者对徐玉诺诗文的辑录，不仅注意版本的汇校，比较版本异同，注明文本原始出处，为后人留下文本变迁的历史线索，关注同题异文和同文异题，避开文本设置的陷阱，还在尊重历史、原文照录的前提下，对文本的讹误、疑误、脱漏、方言、异体字、通假字、习惯用语、专业术语等多种情况进行校注。《辑存》所订正的错讹大致有几种情况，一为错字。错字的情况最为常见，分多种情况，一种为形似而误，例如，《辑存》上卷所收《能够到天堂的一件事》中有"过年耍叫小孩子死完呢"文句明显不通，"耍"字明显有误，编者在此字下加注："'耍'疑为'要'字误植，下节与此同，不另注。"此句下第三行"你们大聪明"之"大"亦为"太"字之误。一种是音同而误，例如，《辑存》上卷所收《小诗》一诗有"折盖了生命的斑点"一句。"折盖"与"遮盖"音同而误，编者在"折盖"下加注："'折盖'似应为'遮盖'。"有些是人称名词的误用，如"她"误为"他"，有些由语句不通可推断字词明显有误，等等，凡此种种情况，编者都以加注的形式进行说明。二为脱漏。这种因脱漏字词而致误的情况也比较常见，如《辑存》上卷所收《能够到天堂的一件事》中有"凡些敢怒敢言"一句，句子明显有问题，编者在"凡"字后加注："'凡'字后疑有'那'。"三为文句不通。《辑存》下卷收录小说《最后的记忆》，该小说原刊于 1925 年 7 月 11 日《文学周刊》第 27 期。文中有"脱母亲含着眼泪将我身上带着血迹的白衣下又换上了彩衣"，此句文义明显不顺，但编者并没有对此病句作随意的改动，而是原文照录，只是在"脱"字下加一注释："'脱'应在'白衣'后面。"四为疑词。这里所说的"疑词"指不太规范的字词。《辑存》上卷所收《在黑暗里》一诗有"我颺颺的安卧在那里"一句，其中"颺颺"一词音义均不明，因此，编者把它作为"疑词"加以处理，在此词后注释："颺颺，遍查词典，未见收录，音义未明。"五为字迹不清。民国时期的期刊和报纸，有的印刷质量不太高，常常存在字迹模糊的现象，遇到这种情况，编者采取审慎的态度，以空格代替。六为乙倒。《辑存》上卷所收《与愚笨的劳动者》一诗有"当你承诺了一项出款或种一工作时"一句，其中"种一"明显应为"一种"，编者在"种一"下加注："'种一'乙倒，应为'一种'。"对于一些方言土语、异体字、通假字和习惯用语，编者也大都作了注释。

　　总之，秦方奇在徐玉诺诗文的辑录与编校过程中，严格遵从"精选、细校、不改、慎注"的文献整理原则，在贯彻初版本原则的前提下，对不同版本进行汇校汇注；在贯彻原文照录原则的前提下，对原始的期刊和报刊文本进行精编精校。因此，经过编者艰苦劳作所奉献给研究者和读者的

《辑存》，其意义和价值就不仅在于它是徐玉诺诗文的首次完整结集，为徐玉诺研究奠定了坚实的基石，更在于编者在它上面所进行的编校和辑录实践对现代文学文献整理工作的示范意义。

任访秋著《中国现代文学史》的学术特色

刘增杰先生曾这样总结几位中国现代文学前辈在学术上的独特贡献："李何林在文学思潮研究中最先起步，王瑶的现代文学同传统文学关系的研究深邃精湛，唐弢为人们提供了从流派研究切入思潮研究的思路，任访秋先生通过对近代作家的个体研究展现了近代文学思潮同现代文学思潮的天然联系。"[①] 在这几位前辈中，任访秋先生的成就集中体现在对"新文学的渊源"的研究上。受其师周作人影响，对这个问题的思考与探讨，成为任先生一生治学的中心课题，独特的治学风格也由此而得以呈现。笔者认为，任先生系统思考并尝试解决这个问题，始于1942年开始撰写的《中国现代文学史》（上卷）一书（1944年5月由南阳河南前锋报社出版）。读了该书后，印象最深的就是其对近代文学与现代文学渊源关系的考察与梳理。仅此一点，已使此书超出新中国成立前出版的同类著作。可是，令人不解的是，这样一部有独特风格的文学史著作，在很长一段时间内，却被现代文学研究界完全遗忘，不为文学史研究者所知。正是这一点，激发起笔者探究的兴趣。本文认为任访秋著《中国现代文学史》的学术特色与价值集中体现在以下几方面：对近代文学与现代文学渊源关系的考察与梳理；从思想史进入文学史，关注文学发展的思想史背景；对历史人物采取客观持平的研究态度。

---

① 刘增杰：《中原播绿——任访秋教授学术生涯七十年》，见河南大学文学院编《"中国文学研究的世纪回眸"学术研讨会论文集》，河南大学出版社，1999，第382页。

一

现代文学的发生虽然以 1917 年开始的新文学运动为标志，但要更进一步认识和说明现代文学，从 1917 年开始远远不够，必须打破近、现代文学的学科分界，这一点现在已成为大家的共识。任访秋先生的《中国现代文学史》则在 20 世纪 40 年代就已经率先提出这个观点并进行了成功的尝试，这一点应该是这部文学史最重要的特色和价值所在。

1995 年，黄修己先生的《中国新文学史编纂史》对《中国现代文学史》作了详细介绍并给以较高评价，他认为任著的重要特点是"给近代文学史以相当的分量"[①]。读过任先生这部文学史的人，都会同意这个判断。任著第一编对清末民初的政治、思想与文学的介绍在篇幅上占了全书的近四分之一，在一部现代文学史著作里，给近代文学以如此大的篇幅，确实是少有的。黄修己先生认为新中国成立前的新文学史著作都有这样一个重要特点[②]，其实，在他提及的八部新文学史中，只有王丰园的《中国新文学运动述评》、吴文祺的《新文学概要》和任访秋的《中国现代文学史》设专章论及近代文学的发展；而这三部中，对近代时期从政治、思想、学术到文学给以较多篇幅予以全面论述的也只有任著而已。由此看来，在新中国成立前成型的现代文学史专著中，重视近代与现代之间的内在关联，给予近代思想、学术、文学以重要地位，不能不说是这部文学史区别于其他现代文学史的一个鲜明特色。在任著之前，胡适的《五十年来中国之文学》（1922 年），陈子展的《中国近代文学之变迁》（1929 年）和《最近三十年中国文学史》（1930 年），都是介绍近代文学发展的重要著作，任著在观点和材料上应该说还接受了他们的影响。胡适的《五十年来中国之文学》把五十年的文学分为古文学与白话文学，古文学是死文学，白话文学是活文学，胡适对近代文学的叙述，是为了说明死的文言文学不得不消亡而必须代之以活的白话文学。受其影响，任著对近代文学的叙述其实也是服务于这个目的。对清末民初的政治、思想与文学发展趋势的概括是为了得出以

[①] 黄修己：《中国新文学史编纂史》，北京大学出版社，1995，第 100 页。
[②] 黄修己：《中国现代文学史理论与实践的回顾》，《中国现代文学研究丛刊》1995 年第 1 期。

下的结论：清末民初为一个过渡时代。旧的文学与旧的制度与思想一样，不适合于新时代，旧的必须完全推翻，来一场文学革命是大势所趋，势在必行[①]。不过，任著对近代文学的考察，其目的又并不仅止于此。

任先生对近代文学的关注，其实还有另一个更重要的目的：追溯现代思想文化、现代文学发生、发展的源流。他认为："历史上所有运动的发生，都不是偶然的。只要详加研讨，就可找出它的客观的原因来。这次的文学革命运动，当然也不能够例外。"[②] 正是出于对历史现象的如此理解，才使他在考察新文学运动的发生时，能够追源溯流，自觉把视线转移到近代，在一个更长的历史链条上来把握和认识现代文学发生的渊源，而如此一来，"辨章学术，考镜源流"便成为他在考察近现代文学的关系时所自然而然采用的方法。因此，他在论述近代诸大师时，既能从历史进化论的角度认识到近代必然要让位于现代的历史大趋势，又能从近代对现代的影响的历史角度来认识近代自身的意义。例如，在论梁启超时指出："新文化运动中所谓'重新估定一切价值'之风，实远自任公开之。"[③] 在论林纾时指出："鲁迅兄弟是继林琴南而译外国小说的。"[④] 这一点在论述章太炎时表现得尤为突出和明显。不同于胡适对章氏文章所作的"及身而绝"的评断[⑤]，任著通过其与钱、鲁等弟子的学术传承关系，认真梳理出章氏对现代学术、思想、文学的巨大影响，不但指出章氏的文学见解"实开后来钱（玄同）、刘（半农）诸公攻击桐城与选派的先河"[⑥]，钱玄同参加新文学运动，极力主张白话，与其师章太炎的影响密不可分，肯定章太炎"给后来文学革命运动打下了极有力的根基"[⑦]，而且从思想史的角度，进一步指出章太炎与

---

① 任访秋：《中国现代文学史》（上），见《任访秋文集·现代文学研究》，河南大学出版社，2013，第33-34页。
② 《中国现代文学史》（上），第36页。
③ 同上，第15页。
④ 同上，第31页。
⑤ 胡适：《五十年来中国之文学》，见《胡适文集》第4卷，人民文学出版社，1998，第363页。
⑥ 《中国现代文学史》（上），见《任访秋文集·现代文学研究》，河南大学出版社，2013，第25页。
⑦ 同上，第26页。

新文化运动之间的深层关联:"以后五四运动前后吴(虞)陈(独秀)等所倡导的反孔教运动,实为承太炎之论而起者。"①甚至认为新文化运动反儒家的言论,其态度并不比章氏为勇决②。对章太炎与鲁迅师徒关系的论述更为精彩,认为鲁迅"曾从余杭章氏受业。章氏为清末的朴学大师,治学之态度极谨严。同时早年也曾极激烈的反对儒家思想。鲁迅在这两方面实受其师之影响,故其于翻译、于论著,其慎审之态度,可以说纯为朴学家的面目。至他在五四后继续作攻击封建思想的工作,实承其师之学而加以扩张者"③。由以上诸例可以看出,任著对近代学术思想与文学的叙述,并不仅仅服务于"说明新文学的诞生是必然的"④这样一个目的,其更进一步的目标,是力图从现代学术发展史的角度,更明晰地描绘出近代文学到现代文学之间承前启后的历史承继线索。

二

从思想史进入文学史,关注文学发展的思想史背景,这是任著的另一重要特色。在评价章太炎对现代文学与思想的影响时,任先生特意强调:"所以研究思想史的,对这种因果关系,与递嬗的痕迹,似乎是不应该轻忽的。"⑤从这句话中,我们可看出他对思想史的兴趣。这种思想史的兴趣一直贯穿于整个《中国现代文学史》。第一编里,任著重点考察了近代文学的发展概况,不过,与胡、陈二人关注重心只在"文学"不同,任著考察的范围并不仅仅局限于"文学",它的视野无疑要宽阔得多,举凡政治、思想与学术等各个方面都进入考察的范围之内,这从第一编特设两章分论清末民初的政治、思想的章节安排上就可看出。两章中"清末民初的思想"一章最能显示任著关注思想史的鲜明特色。这一章分五节详细介绍了严复、康有为、梁启超、章太炎、张之洞等人的学术思想,其中对章太炎反儒家

---

① 《中国现代文学史》(上),第17页。
② 同上,第42页。
③ 同上,第139页。
④ 《中国新文学史编纂史》,第101页。
⑤ 《中国现代文学史》(上),第17页。

思想的介绍尤为精彩。任著对这些思想家思想的介绍,一方面是为了说明一个旧时代的消逝,新时代产生;古典文化退出历史舞台而代之以现代文化。另一方面是为了进一步清楚地展示近、现代思想史之间的发展脉络,特别是近代思想与新文化运动之间的承继关系。如认为"实际五四的种子,都是他们过去种下的。不过到这时,才算开花,才算结实就是了"[①]。这里的"他们"指的就是章太炎、康有为、梁启超、严复等近代思想家。任先生之所以如此重视近现代思想史的因果递嬗,其最终目的还是为了更加清楚地认识五四新文学革命。他认为:"一切的问题,我们不能孤立地去看,应当把它与其他问题放在一起去加以考察,然后才能对它有一个彻底的认识。即如这次的文学革命运动,它是与思想革命,互为表里,不可分拆的。"[②] 既然文学革命与思想革命互为表里,为说明文学革命,必须要介绍新文化运动的思想革命;而要讲清楚新文化运动,则必须对近代思想发展有一交代。由此可见,任著对思想史的关注并没有丝毫偏离文学本位,其对思想史的关注,正体现了任先生对现代文学性质的深刻认知。

一部现代文学史著作,却对思想史具有浓厚的兴趣,并对其从近代到现代的递嬗演变作了简明而又清晰的勾勒。任著提醒我们进一步思索文学史编纂中文学史与思想史二者的关系问题。对于文学研究者,其实就是这样一个问题:研究文学史,需不需要关注思想史?答案应该是肯定的。而且笔者认为,对于现代文学研究者来说,对近现代思想史的关注显得尤为必要和迫切。这是因为,文学史与思想史本身就有亲缘关系,而近现代文学与思想之间的关系就更加紧密。现代文学发生于新文化运动的背景下,它本身就是新文化运动的一部分,是应思想革命的需要而发生的。在新文化运动当中,政治、思想、文学三者之间形成了难以分解的连环关系,政治需要思想,思想需要文学,而文学反过来又作用于政治和思想。与政治、思想两者的亲缘关系是现代文学的一个重要特点,这给现代文学带来了怎样的优长和缺陷,不在本论题范围。笔者想强调的一点是,现代思想与现代文学间互相利用、相得益彰的亲密关系使任何考察现代文学的学者,不

---

① 《中国现代文学史》(上),第76页。
② 同上,第74页。

能不把自己的部分视线转向现代思想史，对之加以一定程度的关注。任著在考察现代文学史的同时，能对近现代思想及其递嬗演变的关系加以适当关注，从思想史的大背景下更清晰地凸显了现代文学的发展线索，笔者认为，这是这部文学史著作另一特色和价值所在。任著在文学史与思想史二者关系方面所作的思考，当能给我们当前的现代文学史研究者以一定的启发。

三

任著还有一点值得肯定的地方，就是对历史人物采取客观持平的研究和评价态度。对这部文学史著作，黄修己先生早已作了"比较客观"的评价。他把任著与其他三部文学史著作进行比较："不同于吴文祺、王丰园著作的采用阶级观点，也不同于李何林著作的鲜明的政治色彩，任著显得比较客观。"① 不过，历史的客观性并非完全拒斥作者的主体性，同时，我们也只能站在自己所处的位置来观照、叙述、呈现历史的某一面。因此，这就牵涉到怎样理解"客观"一词。笔者认为，对于史学工作者来说，"客观"最起码应该意味着一种历史的态度。也就是说，在评价一历史人物或一历史事件时，应着眼于此历史人物或事件对历史到底有何贡献及价值（包括负面意义上的），以此标准给历史人物或事件进行定位。任著在评价具体的历史人物和事件时尽可能贯彻这种历史的评价标准，这从对周作人的评价可以看出。任著写作正处于抗战时期，此时，周作人已堕落为汉奸，为国人所不齿。任先生站在民族大义立场上，用曲笔对周的汉奸行为进行强烈贬斥，具体体现在，每提及周氏而不称其名，以"周□□"代之，其鲜明的政治倾向性和强烈的好恶由此可见。不过，情感的好恶并没有影响他对周作人在现代文学史上的地位作出实事求是的评价。任著不但肯定周氏在近现代翻译文学史上的地位，而且，对他在新文学革命中的功绩给予全面肯定，用了八页篇幅详尽介绍《人的文学》一文，认为新文学建设分形式与内容两方面，形式方面的建设以胡适贡献较多，内容方面的建设则

---

① 《中国新文学史编纂史》，第100页。

不能不以周作人的贡献为最大[①]。另外，在介绍文学研究会和语丝社时，皆肯定其在社团中的作用[②]；在介绍国语运动时，充分肯定了他在国语统一运动中的作用[③]；在叙述"整理国故运动"和"征集民间文学运动"时，对周的贡献也作了详细介绍[④]。由此可见，任著在研究和评价历史人物时，不以人废言，功是功，过是过，其客观持平的态度值得借鉴和学习。

[①] 《中国现代文学史》（上），第 53-56 页。
[②] 《中国现代文学史》（上），第 106-116 页。
[③] 同上，第 89 页。
[④] 同上，第 79、85、86 页。

为中国现代文学学科建史

——评黄修己、刘卫国主编《中国现代文学研究史》

一门学科发展到一定阶段，必然会出现学科史一类的著作，对该学科诞生、发展和成长的历史进行钩沉和描述，以总结经验教训，为学科未来发展提出自己的看法。学科史或学术史著作的大量出现，往往被看作是该学科进一步发展的契机和走向成熟的标志。现在，已不年轻的中国现代文学学科也迎来了自己的这个时期。在大量具有学术史性质的著作、论文出现之后，又一部学术史专著出版了，这就是黄修己、刘卫国主编的《中国现代文学研究史》（以下简称《研究史》），2008年7月由广东人民出版社出版。全书共100万字，上下两册，分五卷，第一次从宏观角度，全面系统描述和总结了现代文学研究约90年的历史。编者在该书前言中说："我们的任务首先是为这一门学科构搭起它的历史框架，描绘出它的比较清晰的面目，为我们的学科建史，做这方面的草创工作。"编者这种"为学科建史"的明确意识，自始至终贯穿在这部专著之中，内在制约着它的体例、内容和风格，形成该书最明显的特点，使其成为一部具有较高史学品格的学术史。

"为学科建史"的意识首先决定了该书的体例。学术史属于"研究"之研究，学术史的性质决定了它关涉的对象必然是纷繁复杂的历史现象，若体例不当，研究者很有可能被淹没于浩如烟海的史料中间，从而迷失自我，入而不能出，很难做到对研究对象明晰而有条理的把握，对研究之"研究"更无从谈起。现代文学学科从成立到现在虽只有60年的时间，即使从现代文学诞生之日算起，也只大约90年的时间，这么短暂的时期确实无法与古典文学相比，但由于现代出版业的繁盛和作家、批评家队伍的庞大，这短短90年积累下的史料，也是相当可观，如果没有适当有效的体例，很难对其进行描述和总结。现代文学现有的一些学术史著作，由于编者对体例问题没有深入的斟酌和思考，都不同程度存在着宏观历史线索不清晰、阶段特征不明显、研究现象没有得到有效整合从而显得琐碎、割裂等弊病，不能有效地呈现现代文学研究每一阶段以及整体的历史特征，现代文学学科史从而变成了单个作家或文学流派、现象的专题研究史，现代文学学科自身的历史被有意无意地遮蔽了。《研究史》从撰写之初，编者就从"为学科建史"的高度出发，对体例问题进行了深入思考，把现代文学研究90年的历史依次划分为五个相对独立完整的历史段落，那就是：喧闹中的开辟（1917—1927年）、多元共生的新局面（1928—1937）、战火中的承续与转折（1937—1949）、新的建构和解构（1949—1976）、寻求突破的时代（1977—2007）。每一个时间段落构成一卷，每一卷再对该时期从作家研究、文体研究、文学史研究等多方面进行整体勾勒。当然，结合每一时期现代文学研究自身发展的不同特点，每一卷在章节的问题设计上有很大不同。这种体例的优长是显而易见的，它能从整体的宏观角度，对中国现代文学研究90年的发展历史进行观照，既凸显了现代文学研究每一个历史阶段自身的横向发展特征，又能清晰勾勒出现代文学研究90年历史承继与发展、演变的纵向线索，纵横交织，使人们对中国现代文学研究的宏观历史，有一个非常清楚的认识。学术史的目的无非是辨章学术，考镜源流，体例的设计一定要服务于这个目的。《研究史》采用的现有体例，基本上实现了编者的这种意图。通过阅读该著，我们仿佛看到了现代文学研究是如何一步步逐渐发展起来的，对它经历了哪些阶段，每一阶段的特征是什么，取得了哪些成绩，有哪些教训可以汲取，未来所需注意的问题和发展走势如何等等问题，都会一目了然。

《研究史》对现代文学批评历史的追溯与回顾，同样贯穿编者辨章学术、考镜源流的目的。《研究史》把现代文学研究90年的历史划分为五个阶段，而前三个阶段其实是现代文学批评的时期，学科意义上的现代文学研究还没有诞生，现代文学还没有成为历史，还谈不上严格意义的历史研究。然而，编者还是把它们纳入到现代文学研究史的范围内，其在全书中所占的分量，与现代文学学科诞生后通常意义上的现代文学研究60年的历史基本持平，这说明编者对现代文学批评30年历史的偏爱和看重，此种体例安排背后是编者对学术史的独到体悟。现代文学学科虽诞生于1949年，但现代文学研究的历史却远远早于这个时间点，从某种意义上说，现代文学研究是伴随现代文学批评而生的，正如编者在本书《前言》所说的："事实上，文学批评和文学研究的界限，有时的确也很难截然分清，特别当现代文学初生新起的时候。"很多现代文学批评方面的史料，若换个角度看，都是非常宝贵的学科史史料，只有把它们纳入整个现代文学研究史的框架内来考察，才能真正厘清现代文学研究的源头，从而达到为现代文学学科追源溯流的目的。遗漏了这30年，现代文学学科60年中许多文学现象就无法得到历史的说明，现代文学学术史就成了断头的学术史，无根的学术史。实际上，《研究史》之前的同类著作意识到这个问题，在追溯现代文学研究的历史源头时，都不约而同地"重回'五四'"。不过，像《研究史》这样，把现代文学30年作为现代文学研究的三个历史阶段，对各自的不同特点及其相互关联进行详细考察，并且上升到著述体例高度，在全书中所占分量与后60年几乎持平的，还是第一次。这种体例的大胆安排，同样源于编者"为学科建史"的自觉意识。当然，编者对现代文学批评的偏爱也不是没有风险的，这是因为，虽然现代文学批评与现代文学研究的界限确实难以截然划清，某些对现代文学作家作品的批评本身就是一种初步研究，其所具有的原生态价值甚至是后来的研究所无法替代的。但同样不能否认的是，现代文学批评毕竟不能完全等同于现代文学研究，一部分现代文学批评史料应划入现代文学的范畴，同样是现代文学研究的对象，而非研究史的对象，对此，必须要有清醒的认识。如果在写作时稍有不慎，把现代文学批评完全等同于现代文学研究，现代文学研究史就有可能写成现代文学批评史。毋庸讳言，《研究史》在处理现代文学批评30年历史的某些章节上就存在着这种问题。

  本书在纵向上把现代文学研究的历史划分为五个大的阶段，一个阶段为一卷。每一卷对每一个历史阶段的横向发展特征进行揭示。为了照顾到现代文学研究的一体性、传承性和延续性，各卷在课题设计上有一致之处，如五卷之中都有关于现代文学史编纂，重要作家如鲁迅、郭沫若研究，以及小说、诗歌、戏剧、散文等各类文体研究等方面的内容，这几个方面是现代文学研究的核心部分，是现代文学研究在每一个阶段都要面对的问题，它们的延绵不断构成了现代文学研究内在的连续性和统一性，由此各卷在体例上也保持了相对的一致和统一。但另一方面，这五个阶段由于时间的变迁，必然也会有不同的问题产生，形成不同的历史面貌和具有各自的历史特征。因此，为了揭示现代文学研究每一阶段的不同特征，编者对每一卷所作的课题设计又不尽相同。例如，现代文学研究前30年皆属现代文学批评期，文学批评当然是这三卷所关注和描述的共同内容，但由于它在三个阶段呈现出各自不同的特征，因此，三卷对文学批评的关注点和随之所作的课题设计也不尽相同，第一卷第一章为"现代文学研究的开辟"，重在揭示现代文学批评在发生期众声喧哗的特点。第二卷第一章为"文学批评和研究的多元化"，重在揭示现代文学批评和研究多元共生的新局面。第三卷第一章为"文学批评和研究的政治化转轨"，重在揭示现代文学批评和研究在抗战和解放战争的政治文化生态下政治化倾向的逐渐增强。同样是作家研究，编者也注意到了随着历史阶段的不同所呈现的不同特征，如现代文学研究的第一个十年，作家研究仅止于对作家单个作品的随感式、实时式的评论，表现形式一般为书评。到了第二个十年，作家研究则表现为"作家论"热潮的出现、作家传记热的兴起，这加速了新文学家经典化的进程。到了第三个十年，另一形式的作家论出现了，就是以纪念、祝寿形式出现的作家评论，在这些活动中出现的一些观点，虽然不属于作家研究，却对作家研究有长期、深刻的影响。这种对不同阶段作家研究形式变迁的揭示，由于显示了不同历史阶段的各自特征，给人留下的印象就特别深刻。现代文学研究的第四个时期是现代文学学科诞生和建构的时期，现代文学学科的诞生是现代文学研究史上的一件大事，为了揭示这一特征，本卷特意设立"新学科建立"作为第一章，从"学科指导思想的确立""新学科的诞生""王瑶的《中国新文学史稿》""初步的收获"四个方面对此作了层层深入的揭示。本书第五卷所涉及的是1977年至2007年这30年现代文学研究的历史，这是现代文学研究史上发展最为迅猛、成果最为丰厚的时期，以史的形式把这一阶段的发展概况展示出来，并不那么容易。编者从"观念的嬗变""方法的创新""课题的拓展""学科的完善"四大板块入手，就比较好地抓住了这一阶段现代文学研究的自身特征，比较准确地把握到了在"寻求突破"的总主题下，现代文学研究所取得的巨大进展。总之，《研究史》对现代文学研究90年成就的揭示，紧紧围绕"为学科建史"这个中心点，把现代文学研究的历史分为五大阶段，在对每一阶段的成就进行展示时，在照顾体例统一的前提下，能够围绕各阶段自身的特点进行不同的课题设计，以揭示现代文学研究或现代文学学科在一定历史阶段、背景下所出现的新问题、新风貌与新成就，凸显出每一阶段的个性特征。这就有效避免了把学科史写成单个作家专题研究史的简单叠加或社团流派、文体、作家等研究史的大杂烩，避免了把学科史写成史料编年史或研究成果的清单罗列。

研究史属于学术史范畴，是对前人研究成果之研究。研究对象、研究史料为"客"，研究者对史料的钩沉、总结与评断为"主"。研究史写作中所需注意的一个重要问题就是对"主"与"客"、史与论之间关系的平衡与把握，本书对这些问题的处理比较恰当，既重视史料的收集，使写作建立在客观、科学的基础之上，又重视对史料的组织与评判，重视著述者对史料的整合与穿透，而不是被史料牵着鼻子走，淹没于史料中。具体到该书的每一卷，其章节设计的课题都是从大量史料整理与发现的基础上自然而然衍生的问题，而不是编者生硬地外加上去的。这些问题是现代文学研究发展到一定阶段必然会历史地提出的。而以课题的形式对大量无序散乱的史料进行整合与呈现，又显示了编者对历史的深刻理解力与巨大穿透力，显示了编者的史才与史识。例如，本书第五卷第二章与第三章的写作就是很好的一例。从1977年至2007年这30年现代文学研究所取得的多样进展中，编者整合出"方法的创新"与"课题的拓展"两大课题，在"方法的创新"的题目下，介绍了现代文学研究中自然科学方法、形式主义理论、心理学批评、接受美学方法、女性主义理论及解构主义批评的尝试与运用。在"课题的拓展"的题目下，介绍了思潮研究、社团流派研究、通俗文学研究的繁荣，中外文学比较研究的起步，文学与文化关系研究的起步，文学制度研究的兴起。这两大课题的设计既统摄了史料，又升华了史料；既建立在大量史料积累与钩沉的基础之上，又有著述者本人对史料的组织、评判与理解。

《研究史》之前，有关现代文学学术史之类的专著已经出版了不止一本，从不同的范围、角度对现代文学研究的成果进行过总结和评价。但像本书这样以"研究史"为题，抱着"为学科建史"的明确目的，纵横交织，系统总结、评述现代文学批评、研究90年发展历程的，还是第一次。本书之所以以草创之作就达到现有的质量与水平，与黄修己先生对现代文学学术史长期不懈的耕耘有必然关系。他从20世纪80年代末即致力于现代文学学术史方面史料的收集与研究，并出版了专著《中国新文学史编纂史》（北京大学出版社1993年版），该著在做了大量修改后又于2007年出版，在学界产生过较大影响。《研究史》的出版，是他在现代文学学术史领域不懈耕耘后的又一重要收获。

传记写作的主体性探究

——评《中国现代作家传记研究》

20世纪80年代以来,有一重要文学现象,就是现代作家传记的大量涌现。与现代作家传记大量出现形成对照,现代作家传记的研究显得滞后。虽然出现一些研究成果,如孟丹青《近二十年现代文学作家传记研究》、朱旭晨《秋水斜阳芳菲度——中国现代女作家传记研究》、刘耀辉《多维视野中的鲁迅传记研究》、房福贤《新时期"中国现代文学家"传记研究十六讲》等,但与现代作家的"传记热"相比,现代作家传记研究,无论广度与深度,都远远不够。在这样的现状下,赵焕亭《中国现代作家传记研究》(中国社会科学出版社2016年出版)的出现无疑是非常及时的。该书从传记写作者的主体性、传记中的传主作品呈现、传记中的原型考证、传记中童年叙事的启示价值四方面,提纲挈领,结合现代作家传记的典型个案,对现代作家传记写作,进行了较为深入的理论探索。该著的出现,大大推进了现代作家传记研究,对现代作家传记热,是一有力的学术回应。笔者认为该著最显著的学术特色和价值,可以概括为"以论带史,有很强的理论探索色彩"。所谓"以论带史",指作者从现代作家传记写作中提炼出四个有理论价值的论题,即"传记作者的主体性""传记中的传主作品呈现""传记中的原型考证""传记中童年叙事的启示价值",围绕这四个论题展开论述,结构全书。结构为理论而存在、由问题而衍生,结构有效地凸显了理论,彰显了问题。这种围绕理论专题而展开的结构方式使得该书带有很强的问题意识和理论探索色彩。该书所设置的四个话题,是在阅读大量现代作家传记基础上,经过精心思考而总结出的。对于这些问题,目前人们的"认识还比较薄弱"①,因此,探讨这些问题,就带有很强的现实针对性。而且,四个话题,虽围绕传记写作,但其所要处理的问题,要达到的理论目标,却截然不同。第一章处理的是传记写作的主体性与客观性问题,第二章处理的是传主作品在传记中以何种方式呈现的问题,第三章处理的是传主个人生活与传主作品之间的文史互证问题,第四章处理的是作家童年经验与其文学创作的关系问题。这里重点谈谈作者对传记写作主体性问题的深入探讨。因为这个问题不但是作者所要解决的第一个重要理论问题,而且也是四个问题中解决得最为精彩的。

一、传记作者主体性问题探究

"传记作者的主体性",涉及传记写作的主客观或主客体问题。主体指"传记作者",客体就是传记的对象"传主"。传记写作不排除想象,但它又不同于一般的文学创作,因为它必须尊重传主一生的客观事实,不能随意夸张、歪曲和虚构;即使文学性传记,也不能假文学之名而随意虚构和歪曲事实。所以,真实而非虚构,既是传记写作必须遵循的前提,又是其追求的终极目标。只有明确这一点,我们才能把传记写作与虚构性、想象性的文学写作在本质上区分开来。传记写作的本质为追求历史的真实,但不同写作者对于同一传主的呈现可能存在较大差异,这种差异就来自传记写作者的主观视界的不同,包括写作者的年龄、性别、教育背景、文化修养、人格、气质、情感、思想立场、看问题的角度,以及写作者所处的国家、民族、时代、文化与政治语境等等。对于同一传主,不同写作者在尊重、发掘、呈现基本历史事实的前提下,会有相当不同的阐释,这种阐释就深深打上了写作者的主观烙印。所以,传记写作对于传主一生的呈现,其真实程度只能是相对而非绝对的,这种主观与客观的差异及其之间的辩证关系,正是传记学作为人文学科的本质,也是其无穷魅力所在。历史真实的追求决定传记与文学创作的不同特质,而传记写作者的不同主观视界所带来的差异化阐释,又决定了传记包括作家传记的"人文性"。该书第一

---

① 赵焕亭:《中国现代作家传记研究》,中国社会科学出版社,2016,第10页。

章"传记作者的主体性",指的应该就是传记作者的"主观性"或"主观视界"。在传记写作的主客观或主客体关系问题上,相对于客观问题即传记写作的真实性问题,赵焕亭更为重视传记写作的主体性即传记作者的不同视界所带来的不同阐释。这确实是现代传记写作中常常被忽略或被有意遮蔽的问题。对于传记写作的主体性问题,作者选取了钱理群《周作人传》、袁庆丰《郁达夫传》、宋炳辉《徐志摩传》、陈丹晨《巴金全传》,深入探讨了传记作者的学术个性、情感、学术背景、精神气质对于传记写作的深层制约。这四个方面的探讨,细密而深入,是该书最出彩的地方。这一章中,第一节对钱理群《周作人传》中写作者学术个性的分析尤为精彩。如认为"以鲁迅为参照系来写周作人使周作人传带有鲁迅底色",钱理群对于周作人心灵史的关注,与他的出身、经历、职业皆有密切关系,"传记对周作人作为自由主义知识分子的思想及命运的剖析,同时也是对自己家族中各类知识分子命运的再思考"①。这些论断,确实抓住了钱理群独特的精神气质和学术个性。

二、传主主体性探究

谈及传记写作的主体性问题,应该强调的是这里的"主体"不单单指向传记写作的实施者即传记作者,还应该包含传记写作的被呈现者即"传主"。最理想的传记写作应该是两个主体间的平等交流、互相激发与照亮。从这个意义上讲,指称"传主"为"客体"并不是很恰切。赵焕亭对钱理群《周作人传》的分析,褒扬其传记写作所显示的主体性,指的应该就是钱理群与周作人两个主体精神上的平等交往,周氏在钱理群那里得到了同情之理解,而钱理群生命中所压抑的能量又通过阐释周作人得到了很好的释放。钱理群写作《周作人传》所显示的主体性应该是传记写作主体性所能达到的较为完满的状态。当然,赵焕亭同样注意到主体性发挥过当的问题。在传记写作中,如果写作者主体性过强,那么,传主的主体性就得不到应有尊重,传记作者在阐释传主以满足自我主体性的同时,带来的必然

---

① 赵焕亭:《中国现代作家传记研究》,中国社会科学出版社,2016,第46页。

是传记作者自我的膨胀,情感的泛滥无归,以及对传主思想行为的过度阐释,最后会陷入这样可笑的境况:传记作者不是给传主作传,而是给自己作传。《袁庆丰〈郁达夫传〉中的作者情感投射》在肯定袁传独特贡献的同时,也深入分析了该传主体性过强所导致的弊病:"作者过于强烈的情绪化写作直接造成了写作的失衡和论点的偏颇。"① 由于作者能够辩证地看待主体性问题,所以这里的分析就显得平实中肯而令人信服。

袁庆丰《郁达夫传》的主体性发挥过当体现在传记作者的主体性大于传主的主体性,与此相反的另一主体性问题,即传主的主体性远大于传记作者的主体性,传记作者以仰视态度,对传主进行有意或无意的美化,或者只彰显优点,而避开其缺陷,或对其历史上的污点进行回护,甚至把传主的缺点当作优点。在这样的传记作品中,传主一个个都是完美无缺的。这同样是一种主体性问题。与前一种主体性发挥过强的主体性问题相比,后一种主体性问题在现代作家传记写作中表现得尤为普遍。

传记写作的主体性问题之所以重要,还来自主体性对于传记写作客观性的内在制约。主体性直接制约了传记作者的思想立场、情感态度与主观视界,决定了传记写作者对历史材料的发掘、选择、取舍与排列。同样的历史材料与历史事实,经过不同的主观视界,会有相当不同的面貌和呈现方式。所以,这里的"主体",不仅仅是传记写作者的"主体",同时也意味着被呈现者"传主"的"主体"的塑造。传记写作的客观性问题,不仅是客观历史史实的发掘整理问题,而且是如何看待这些历史史实、如何呈现这些历史史实的问题。制约这些问题的因素,有传记写作者的认识,还有时代、文化、政治等等。正是因为传记写作者决定了传主的呈现,所以要强调传记写作的主体问题。

三、传记主体性研究的更大空间

由于篇幅所限,作者只是谈了传记写作主体性四个方面的表现,主体性在其他方面的表现没有论及。其实,主体性或传记作者主观视界的表现

---

① 赵焕亭:《中国现代作家传记研究》,中国社会科学出版社,2016,第69页。

是多方面的，在学术个性、情感、学术背景、精神气质外，传记作者的年龄、性别、民族、思想立场、人格修养、境界等，都会制约他的阐释。而且，一个传记作者的主体性，其表现也绝非是单一的，如钱理群只表现于学术个性，袁庆丰只表现于情感激越，宋炳辉只表现于学术背景，陈丹晨只表现于精神气质。每个传记作者的主体性都是综合立体的结构，而非局部和单一的。另外，所谓"主体性"，即传记作者主观能动性以及主观视界的发挥，也是完全受制约的，是一种"有限"主体性。考虑到中国特殊的文化背景与社会环境，这种主体性的发挥，很大程度上又受制于时代的政治语境，因此，不同时代不同政治语境下的传记作者对于同一问题的阐释也是绝不相同的。这一点，是主体性概念在运用时所当充分注意的。作者在论述主体性问题时，若能选取同一写作者在不同时代语境下对于同一传主的不同阐释，来谈论主体性这一方面的表现，应该非常精彩。（当然，作者在该书的某些地方涉及了这个问题，但没有作为一个单独理论问题提出来。）作者在讨论主体性问题时，只就四部写作者不同的传记来谈，这些传记的传主是各不相同的。鉴于现代作家传记中一个作家拥有多部传记的情况相当多，如鲁迅、徐志摩、张爱玲、沈从文等，假若能就一个现代作家的多种传记，来深入探讨传记写作的主体性问题，或许会有更多有价值、有意思、有启发性的理论问题浮现。

《民国新诗话新诗论》前言[①]

1937年朱光潜对当时中国文坛作过一简单鸟瞰和总结,认为"现代中国文学"有四大特点,其中之一即为"诗论发达",并肯定"这是好现象"。[②] "诗论发达"确为现代文学一重要特征。与小说、散文等其他文体相比,诗歌的文体变革最彻底,对传统文化冲击力度最大,在文体破旧立新过程中,其所遭遇的难度也最大,因而,在现代文学各文体的发展变革过程中,关于诗歌的讨论最热烈最持久,其所遗留下来的诗学文献最丰富,其所达到的理论深度,也远非其他文体所可比。

前辈遗留下的现代诗学文献虽丰富,但遗憾的是,它们至今没有被足够重视,大量现代诗学文献散落故纸中,没有得到全面系统整理。首先,我们还缺乏一部比较完备的《中国现代诗学文献目录》。学者们不是没有做过这方面工作,钱仓水、周仲器两先生就曾编过《现代格律诗研究论文要目(1917—1982)》,但由于是专题性的"要目",局限于现代格律诗学方面,当然不可能非常完备;笔者在研究20世纪现代格律诗学时,在搜集资料过程中,也曾编制过"现代诗学论文目录(1917—1949)",虽有近十万字之多,但距离完备尚有很远距离。其次,我们还缺乏一套比较完整的《中国现代诗学文献汇编》。有关现代诗学方面的专题性资料,至今可见到的只有杨匡汉、刘福春两先生编的《中国现代诗论》(上、下编),此书

[①] 《民国新诗话新诗论》(全2辑),"民国诗词学文献珍本丛书"之一,河南文艺出版社,2015。

[②] 朱光潜:《编辑后记(一)》,载《文学杂志》第1卷第1期,1937年5月。该文收入《朱光潜全集》第8卷,其中"诗论"一词被误为"讨论",见《朱光潜全集》第8卷,第529页,安徽教育出版社,1993。

上编为"现代部分",收录现代诗论文章50余篇。这是一本带有诗歌理论批评史料性质的选本,编者态度颇严谨,用时近三年,在编选时非常重视选文的代表性与质量,上下两编的90篇文章是从上千篇诗歌论文中选出来的。本书在编选上上承《中国现代诗论》而又稍作变通。首先,编者认为现代诗学当然应包括现代新诗理论批评方面的文章,但其他非新诗理论批评的文章,只要其研究探讨之目的是为现代诗歌的未来发展服务,为其提供理论资源与技术支撑的,例如朱光潜先生的《诗学》,都可纳入现代诗学的范畴之内。从这样的思考出发,本书选入了唐钺的《旧书中的新诗》、刘大白《从旧诗到新诗》、华钟彦的《谈谈古代韵文和现在新诗》等文章。其次,编者认为对于民国时期各种新诗的诗体建设主张应抱着更为宽容、包涵的态度,各种新诗诗体建设主张皆有其代表性与历史之合理性。例如,"五四"时期,在胡适的白话诗主张之外,胡怀琛曾提出过"新派诗"的主张,之后的三十年代中期,张凤提出过"活体诗"的主张。现在看来,他们的主张有点"旧瓶装新酒"的味道。但这些主张在当时代表了某一部分人的看法,而且他们的观点在当代似乎还没有绝响。因此,完全抹杀其历史存在是不合理的。所以,本书选入了胡怀琛的《新派诗话》、张凤的《活体诗话》,以供现代诗学研究者参考。最后,本书更为重视史料性,一些文章在理论水平上可能并非上乘,但从保存史料的角度还是选入了。有些收入的文章则具有相当珍贵的史料价值,如冯至的两篇诗论,一篇为《新诗蠡测》,一篇为《中国的新诗》。《新诗蠡测》现收入《冯至全集》第5卷。①但《全集》只收录了三节,且第三节也不全:第三节共五段,《全集》只收入第一段。编者在文后注到:"本文未完,下半篇已丢失。"说"本文未完"是对的,但此文下半篇并未丢失。《冯至全集》第5卷所收《新诗蠡测》来自昆明《今日评论》,而本书所选入的《新诗蠡测》则刊登于《当代评论》1941年第1卷第2期,共六节。本书所收的《新诗蠡测》明显是一个完整的版本。冯至的另一篇重要诗论《中国的新诗》,刊登于《广播周报》1946年复刊第14期,该文未见于《冯至全集》,当是一篇佚文。冯至虽为卓有成就的诗人,但其诗论文章并不多。而此两篇重要诗论的发掘,对于

---

① 见《冯至全集》第5卷,河北教育出版社,1999,第267-270页。

冯至研究当有一定价值。当然，以上所说三点，只是编者的个人看法。本书所选入的诗论文章，在篇目选择上，应有许多欠妥之处，期待方家批评指正。

　　本书为《民国诗词学文献珍本整理与研究丛书》之一种，在编排体例上完全依照该丛书的编辑条例执行。所收录的现代诗论皆选自民国时期报刊，在报刊发表过又出版者，亦以报刊整理为准。文章排列顺序，大致按照编年方式。文章署名皆以发表时为准，若原文署笔名，亦仍之。原文字迹模糊不清者，以"□"代之。文章出处置于文末，标出期刊名称、年份、期、号等。原文无标点符号者，据当前通行的标点符号添加。原文有标点符号，但不符合通行标准者，据通行标准改正。对作者随文所加的原注一律维持原状，必要时标明为"原注"。在选入文章时，遵循"不改"的原则，即在录入原文时，尽可能依照原始报刊的文字录入，对于错讹不通之处，以注释的形式在当页页下标出。当然，由于编者学养有限，只对一些明显错讹之处加以校注，有些地方虽然不通，但并不影响理解的，就没有一一注出。

《背影——朱自清散文》前言[①]

中国现代散文史上,朱自清无疑占有重要地位。这从他的作品被选入中小学语文教科书,坊间到处可见他作品的选本,就可看出。与文章流传于世相伴的,则是对他文章的各种评价,当然,评价中肯定的居大多数,且主要集中于早期作品,如《桨声灯影里的秦淮河》《春》《匆匆》《荷塘月色》《背影》等。与朱自清早期作品为人重视和揄扬相比,其中后期作品一定程度上被忽略了。这是不应该的。对于散文写作,朱自清颇为执着,其中后期进行了持续的自我超越,有意识转变散文写作路子,由抒情走向叙事说理,风格也变得更为亲切平淡、简约质朴。作为好友,叶圣陶对朱自清散文前后期的变化认识得非常清楚,其《朱佩弦先生》一文指出其早期散文名作皆有点儿做作,过于注重修辞,显得不怎么自然。而到《欧游杂记》《伦敦杂记》时期之后,则全写口语,其文字越发周密妥帖,平淡质朴。叶圣陶的评价提醒我们要全面认识和评价朱自清散文,就不能仅仅着眼于其前期作品,还应把视野向后延伸一点,读一读其中后期作品,这样我们才能对朱自清散文的艺术个性,以及他在中国现代散文史上的地位,有一个大致准确定位。正是本着此种想法,我们选编了这部《背影——朱自清散文》。

朱自清第一本散文集为1924年出版的《踪迹》,其中所收《匆匆》《歌声》《桨声灯影里的秦淮河》《温州的踪迹》诸篇,基本奠定其早期散文重修辞、偏才情的"诗性"调子。这些文章与他1928年出版的第二部散文集《背影》中的《荷塘月色》《背影》,都是现代散文史上的名篇。《匆匆》

[①] 《背影——朱自清散文》,"国民阅读经典丛书"之一,中华书局,2016。

发表人生感慨，《歌声》《桨声灯影里的秦淮河》《温州的踪迹》《荷塘月色》则侧重写景。但不管是抒发感慨，还是写景，都是为抒发"诗性"，显露"才情"。因此，这些作品中满篇凸显的都是"我"之面影，就是可以理解的了。当然，情感抒发存在一"尺度"问题，过犹不及，有时这情感抒发稍微过了头，可能就会显得有点"做作"。叶圣陶认为朱自清早期散文有点过重修辞，不太自然。这个"不太自然"，表面看是语言问题，其实质还是情感表达的尺度问题，审美观念问题，以及对于散文文体的认识问题。应该说，朱自清早期散文名篇，一定程度上是存在这种问题的，而作者，也清醒意识到了自己的这个问题。到了第二本散文集《背影》，朱自清的散文写作，明显有了变化，这个变化，我把它总结为由追求"诗性"而逐渐向追求"叙事性"过渡。所谓追求"诗性"，即向"诗"靠拢，倾向抒发诗情，呈现意境，注重语言形式的修饰。所谓追求"叙事性"，即向"小说"靠拢，倾向场景呈现与故事讲述，追求平淡质朴。当然，这里所谓的"故事"，并非指小说学意义上的"虚构情节与事件"，而是指真实事件与生活场景。《背影》中的《荷塘月色》，重在抒发个人情感，语言上讲究修辞，与《踪迹》在诗性的追求上有一脉相承之处。但《背影》一集所收其他作品，如《背影》《儿女》《怀魏握青君》等，风格上明显与《荷塘月色》不同，开始追求平淡质朴，重在场景呈现与故事讲述。《背影》写父子之情，但这情已经大部分蕴含于场景呈现与事件讲述中。全篇只叙写父与子之间日常琐碎特别是车站送别一事，无一语及"我"之情，而情已宛然在矣。此篇之所以动人，而为后人所反复吟咏咀嚼者，即在此。只是该文文末"晶莹的泪光"一语，稍微有一点新文艺腔，但这不过是大醇小疵。《背影》大概写于1925年10月，《儿女》写于1928年6月。时间隔了三年，《儿女》比《背影》在艺术上更见成熟。《背影》与《儿女》皆写父子之情，可以对照着读。《背影》写父子之情，只抓住送别来写，贵在简而有致；《儿女》则用委曲细致笔调，多层次呈现家庭生活儿女喧闹的日常场景，通过此日常生活场景之呈现，既写出儿女们的可恼可笑与天真无邪，又渲染出作者对子女的慈爱愧悔。与《背影》相比，《儿女》的情感抒发更为节制，笔调更为成熟老练。比《儿女》的写作时间再靠后一点，1932年写的《给亡妇》，1933年写的《冬天》，皆是顺着《背影》《儿女》的路子走，为朱自清散文中不可多得的精品。《给亡妇》为悼念亡妻而作，采用向妻子拉家常口吻，先向妻子逐个汇报孩儿现状，再回忆妻子抚育子女之劳，继写妻对"我"之爱。文章主体为对亡妻生前行事之回忆，句句实在，而语语情深。《冬天》通过对三个冬天的回忆，呈现出三个生活场景，通过三个场景，写出父子之情、朋友之谊与家庭之爱。文章写景叙事皆朴实无华，而又感人至深，达到朱自清写景叙事文的最高境界，从这篇文章我们可以更为深刻体会到朱自清对自我早期抒情散文艺术的扬弃与超越。其他记人散文，如《怀魏握青君》《我所见的叶圣陶》《刘云波女医师》，皆为以事写人，质朴实在，饱含深情，为朱自清散文中的优秀之作。

《说话》发表于1929年，由这篇文章，朱自清开始了论说文的写作。本书所收《论无话可说》《沉默》《撩天儿》《论东西》《论严肃》《论百读不厌》《论雅俗共赏》《论书生的酸气》《论逼真与如画》《"好"与"妙"》《论意义》等，与《说话》一样，都属于论说文，是朱自清中后期致力写作的一种文体。朱自清所写论说文，在内容上，可分三类，一类如《说话》《沉默》《撩天儿》《论意义》，分析说话行为和语言的意义；一类如《论东西》《论书生的酸气》，评论知识分子；一类如《论百读不厌》《论严肃》《论雅俗共赏》《论逼真与如画》《"好"与"妙"》，探讨文学理论。这只是一大致分类，三者间并非可以划得那么清楚明白，因为它们所关注的都是意义问题。《说话》《沉默》等文讨论的是日常说话行为的意义问题，《论东西》《论严肃》等文则是抓住关键词如"东西""严肃"等词语进行分析，是对知识分子的自我反省与批评，《论逼真与如画》《"好"与"妙"》等文抓住传统文论中的关键词，如"好"与"妙"，"逼真"与"如画"，进行分析，研讨艺术理论。朱自清曾说过："大概因为做了多年国文教师，后来又读了瑞恰慈先生的一些书，自己对于语言文字的意义发生了浓厚的兴味。十几二十年前曾经写过一篇《说话》，又写过一篇《沉默》，都可以说是关于意义的。"（朱自清：《〈语文影及其他〉序》）朱自清关于意义分析的文章当然不止《说话》与《沉默》，他从1929年开始所写的论说文，有相当一部分都是关于语言的意义问题的。这里的"语言"涵义比较宽泛，既包括说话行为，也包括书面语。可以说，对于语言意义问题的关注和兴趣，引发了朱自清中后期系列论说文的写作，并在一定程度了决定了他学术研究的方向和理路。

他的论说文能形成自己特色，在现代散文史上占有一席之地，与他善于抓住一些具有代表性的关键词，而展开鞭辟入里、深入浅出的层层分析，是分不开的。

以上两类文章外，朱自清游记文的艺术成就也很高，它们以《欧游杂记》《伦敦杂记》为代表。《欧游杂记》出版于1934年9月，《伦敦杂记》出版于1943年4月。这两部书虽都是游记，但内容和风格则稍有差异。《欧游杂记》各篇"以记述景物为主，极少说到自己的地方"（朱自清：《〈欧游杂记〉序》）。《伦敦杂记》各篇"写活着的人比较多些，如《乞丐》《圣诞节》《房东太太》，也许人情要比《欧游杂记》里多些"（朱自清：《〈伦敦杂记〉序》）。两部游记语言都很好，"念起来上口，有现代口语的韵味，叫人觉得那是现代人口里的话，不是不尴不尬的'白话文'"（叶圣陶：《朱佩弦先生》）。比较起来，《伦敦杂记》由于写人、写自己的地方多一点，与《欧游杂记》纯写风景名胜不同，因此，就显得人情味更浓一些，更为灵动有趣一些。本书所选《莱茵河》出自《欧游杂记》，《三家书店》《吃的》《加尔东尼市场》《房东太太》出自《伦敦杂记》。大家仔细品味这些文章，当能感觉出朱自清游记文写作中所使用的两副笔墨，以及由此而呈现的两种风格。

朱自清一生所写散文有一百二十余篇，本书按编年顺序选入的四十篇文章，只占其全部散文的三分之一。作为一部选本，编者想尽可能通过这些文章，让大家了解朱自清散文艺术风格前后期的变化。当然，本书的篇目选择并非完美无缺，代表的只不过是编者个人看法。若读者读过本书后，能够引发出对朱自清人与文的兴趣，而去通览他其他作品，那么，编者目的也就达到了。

为雅园诗派写史

——赵青山《雅园诗派研究》序

在当代现代格律诗创作研究界,赵青山先生是位默默耕耘、无私奉献的苦干家。天道酬勤,在现代格律诗理论研究和创作实践方面,他都取得了非凡成绩,连续出版《现代格律诗发展史》(香港雅园出版公司 2016 年出版)、《现代格律诗家评传》(香港雅园出版公司 2017 年出版)、《现代格律诗概论》(香港雅园出版公司 2017 年出版)等研究专著,创作《寻诗问律》(香港雅园出版公司 2017 年出版)、《向律而歌·八行花环体新诗选》(香港雅园出版公司 2019 年出版)等诗集,还主编《中华诗园》(与思宇、任雨玲、李长空合编,香港雅园出版公司 2016 年出版)、《十四行花环体诗选》(香港雅园出版公司 2016 年出版)等现代格律诗选集。现在,他的又一部现代格律诗研究力作《雅园诗派研究》即将出版。作为研究同人,笔者先睹为快,认真拜读了书稿。现谈一点粗浅认识,浮光掠影,挂一漏万,若有不当和冒昧处,还望青山兄海涵。

雅园诗派是中国新诗史上第二个倡导现代格律诗的文学社团。这个诗派的成立以世纪之交的深圳中国现代格律诗学会成立和雅园诗会的召开为标志,以《现代格律诗坛》及香港雅园出版公司为主要阵地,高举何其芳提出的现代格律诗旗帜,进行现代汉语格律诗的理论探索和创作实践。雅园诗派作为一诗派得名,源自"深圳中国现代格律诗学会首届年会"的会址——北京雅园宾馆,源自首届年会的名称——雅园诗会。关于雅园诗派的研究,已经出现了一些研究成果,如周仲器、周渡《中国新格律诗探索史略》《中国新格律诗史论》,刘涛《百年汉诗形式的理论探求——20 世纪现代格律诗学研究》，赵青山《现代格律诗发展史》等专著，皆辟有专章对其进行论述，周仲器、周渡、赵青山等学者还发表过有关雅园诗派的学术文章。这些论著和文章，对雅园诗派的形成与发展，以及它在现代格律诗发展史上的地位与影响，作了比较客观的分析和论述，但在进一步的史料梳理和理论阐释方面，还有较大提升空间。《雅园诗派研究》是第一部以雅园诗派为研究对象的专著，对雅园诗派二十年间的学术活动，作了非常详尽的史料梳理，尽可能原生态地呈现了雅园诗派主要成员的理论主张及创作贡献，对于雅园诗派内部成员之间，以及雅园诗派与其他流派之间，关于现代格律诗学的一些概念、诗派名称的科学性等问题，所引发的论争，也尽可能进行了客观的历史还原。作者是雅园诗派的重要成员，亲自参与和见证了雅园诗派的每一步发展，对雅园诗派饱含深情。但他在充分展示雅园诗派历史性贡献的同时，还能以一颗公心，直面诗派本身所存在的问题，显示出学术研究本应持有的客观理性态度。该著是第一部最为详尽客观的雅园诗派研究专著，是现代格律诗研究的重要收获。因而，《雅园诗派研究》对雅园诗派功莫大焉，对当代格律诗学发展功莫大焉，它的出版，必将大大推动现代格律诗理论研究和创作实践的进一步发展。

  本书虽名为《雅园诗派研究》，但论述重点在雅园诗派作为一个诗歌流派的形成和发展，它的理论主张和创作实践，它对当代诗歌创作的影响，其实可以看作是一部具体而微的"雅园诗派发展史"。从论著的章节结构设计及具体论述来看，赵青山的雅园诗派研究，贯穿着很强的历史意识，为雅园诗派写史的意图非常明显。首先，他把雅园诗派放置于20世纪至今的整个中国现代诗歌史的大背景下，置于整个现代格律诗发展史上，进行定位和研究。赵青山认为雅园诗派既是对新月诗派新诗格律化运动的传承，更是对现代派新诗格律探索的拓展。雅园诗派的诗学主张是对新月诗派的传承，他们的共同目标都是推进新诗格律化，理论上尊奉闻一多的"三美"主张。但在组织形式和诗歌主张上，雅园诗派比新月诗派又有较大发展。性质上，新月诗派属于沙龙聚会性质，参与诗人的地域范围要小得多；雅园诗派属于社团性质，参与的诗人遍布全国各地。理论主张方面，雅园诗派提出"建立并发展现代格律诗"（《〈现代格律诗坛〉发刊词》）的倡议，提出现代格律诗最低纲领"鲜明和谐的节奏，自然有序的韵式"与最高纲领"创造形式多样的共律体（定型诗体）"。从新月诗派的宣言和美学追求，到雅园诗派的宣言和最低、最高纲领，可以看到经过新格律诗人几十年的艰苦探索，诗体建设的整体架构变得更为明晰。雅园诗派的诗学主张同样是对现代诗派的拓展，无论是在旗帜上，还是在理论上，都直接继承和发展了现代派诗人何其芳、孙大雨、林庚等人关于"现代格律诗"的理论学说，和现代诗派的渊源颇深。雅园诗会的原名"深圳中国现代格律诗学会"，从学会名称到首届年会名称，到会刊名称，再到学会宣言，其中"现代格律诗"的概念和"建立并发展现代格律诗"的诗学主张，都与何其芳紧密相关。因而，雅园诗派与现代诗派的新诗格律探索是一脉相承的，是对现代诗派新诗格律化思想的传承与发扬。雅园诗派作为新诗历史上第二个现代格律诗派出现，标志着20世纪的新诗格律探索，进入了较为活跃的发展时期。可见，在分析雅园诗派的诗学理论时，作者紧紧抓牢历史的线索，从雅园诗派与新月诗派、现代诗派的历史承继关系中，来认识雅园诗派诗学理论的历史贡献。当然，其中一些具体观点，可能不一定会得到学界的完全认同，如把何其芳归入现代诗派。但他试图从历史角度来把握分析雅园诗派诗学特质的努力，是值得充分加以肯定的。其次，作者的历史意识，还体现在对雅园诗派从成立到发展、壮大、分歧的具体历史细节的详尽勾勒上。本书第三章、第四章，从"诗会成立"的角度生动呈现了雅园诗派产生的具体历史过程。雅园诗派来自雅园诗会的成立，雅园诗会是在什么样的背景下成立的？雅园诗会的成立与深圳现代格律诗学会间是什么关系？深圳中国现代格律诗学会重新登记注册的过程及背后的原因是什么？雅园诗会的会刊《现代格律诗坛》和出版机构香港雅园出版公司在雅园诗派发展过程中，发挥了什么样的作用？对于这些问题，本书都以详尽的史料，进行了历史还原和细节呈现。雅园诗会之后，雅园诗派还召开过一次"常熟诗会"，这次诗会在雅园诗派发展史上占有什么样位置？它的历史贡献是什么？对这些问题本书也给予了充分解答。第三，作者的历史意识还体现在本书所收集的大量史料上。本书采用论从史出的写法，每一个观点，所下的每一论断，皆有扎实的史料作支撑。作者的强烈史料意识还体现在本书的多种附录上，第三章《诗会与诗园》第一节《雅园诗会》附有三个附录：《深圳中国现代格律诗学会组织机构名单》《深圳中国现代格律诗学会首届理事名单》《关于"雅园诗会"的对话》。第三节《中华诗园》附有两个附录：邹大毅的《且铸诗魂驻千秋——记诗人黄淮的"中华诗园"构想》《中华诗园发起人联合呼吁书》。在理论专著中加入多种"附录"，对此做法有人可能会不以为然。殊不知，这种文中夹入附录的做法，是一种史料意识的体现。附录内容是宝贵的史料，读者通过附录，可直接进入历史现场，附录部分与正文形成了互为阐释的互文关系，对读者理解正文、把握正文，是很有帮助的。作者这种强烈的史料意识，源自他高度的历史意识。若无强烈的史料意识和对当下的历史感知能力，史料就在眼前，也会熟视无睹、无动于衷。

赵青山本身是雅园诗派重要成员，参与了雅园诗派的历次主要活动，可以说见证了历史，自身即处于这段历史之中。因此，他对雅园诗派的研究，具有别人所不具备的便捷条件。不过，得失往往互见。自身处于历史之中，自身就是研究对象，这就可能入戏太深，在山而不能看山，过于崇拜自己的研究对象，能入而不能出，对于其研究对象，不能进行超越的理性观照。可贵的是，赵青山自身虽属于雅园诗派，但他对雅园诗派发展过程中所存在的问题，却能加以正视。首先，他能看到雅园诗派的历史局限。一是诗派发展的资金问题。深圳中国现代格律诗学会属民间社团，受经费所限，学会仅主办了雅园诗会，协办了常熟诗会，学会组织的活动较少。二是雅园诗派创作研究成果的出版、交流问题。雅园诗会的出版机构香港雅园出版公司注册于境外，其出版的大量系列丛书，在大陆难以流通，雅园诗派的创作与理论成果，不为大众所知，得不到主流学界认可与推广，在某种程度上沦为自娱自乐，极大限制了诗派发展。其次，他能正视雅园诗派发展中，对于雅园诗派所产生的质疑。例如，周仲器和黄淮提议竖起"雅园诗派"的旗帜，丁鲁则认为"雅园有诗无派"。其他学者万龙生、孙则鸣、王端诚比较认同丁鲁观点，认为作为一个学术概念，"雅园诗派"还不具备必要条件，从严肃的学术态度出发，还是不提为好。对于这种观点，本书能平心静气地加以提出，并进行学理化的商榷讨论。最后，本书不但能充分展示雅园诗派所代表的现代格律诗学与当代自由诗学之间的分歧与论争，更能充分呈现雅园诗派内部不同成员间，围绕现代格律诗学的一些核心概念，所产生的争议和分歧。如现有关于现代格律诗的称谓，有"现代格律诗""格律体新诗""新格律诗"等，哪个称谓更为科学，存在较大争议，如围绕"自律体""共律体"两概念所展开的论争。"自律""共律"是黄淮、周仲器为现代新诗格律分类提出的一对诗学概念。万龙生等则认为，"自律"和"共律"只是诗人在格律诗创作过程中存在的一种规律，不宜以"体"进行命名，如"格律诗与自由诗"的界限问题。黄淮、周仲器强调现代汉语格律诗应当具有"鲜明和谐的节奏，自然有序的韵式"，万龙生等则认为这样的表述没有划清格律诗与自由诗的界限，格律诗与自由诗的根本分野不在是否有"鲜明和谐的节奏"，而在其节奏是否有一定规律，等等。这些围绕现代格律诗学中心概念所展开的论争，是伴随现代格律诗学发展而生的，论争本身即现代格律诗学发展活力的重要体现和表征，这样的诗学论争，其实不仅仅存在于雅园诗派内部，不是雅园诗派的内部之争。由于现代格律诗学是一种正在生长的诗学形态，论争和争议，恰恰是现代格律诗学发展的一种常态，是现代格律诗学充满活力的表现。作者虽曾深陷论争漩涡中，对于对方的不同观点，却能采取理性态度，冷静对待，尽可能客观呈现这些论争，从而揭示出现代格律诗学"众声喧哗"的发展态势。这种对待不同学术观点的客观理性态度，是值得加以肯定的。

当然，当代人写当代史，再加上作者本身即处于这段历史之中，不可避免还是会出现一些问题。如，作者研究对象为"雅园诗派"，这说明本书的逻辑前提是承认"雅园诗派"，雅园诗派确实存在。这点，笔者和作者观点一致。但雅园诗派的边界在哪里？雅园诗派与现代格律诗坛之间是一种什么关系？雅园诗派的会刊与出版结构皆在香港，雅园诗派的会刊、研究论著与诗歌创作，大陆学者和一般读者均难一睹芳颜。那么，雅园诗派的影响力何在？雅园诗派与国内现代格律诗坛间的互动何在？这些都是实实在在摆在作者面前的问题。对于这些问题，本书虽有部分解决，但还是存有一定提升空间。

我与赵青山先生素未谋面，仅知道他在山西平遥一所小学任校长，因私心爱好，痴迷于现代格律诗学的研究与创作，笔耕不辍，佳作迭出。青山先生不在高校科研机构工作，他的业余科研工作，既不能给他带来职务和薪资的提升，又不能给他带来项目和资金，但他念兹在兹，不为所动，支撑他的，完全是对诗歌女神的痴爱，对格律诗学的钟情。他的这种只问耕耘、不问收获、献身学术的精神，深深打动了我。我与青山先生因共同的研究对象和学术兴趣而相知，拙著《百年汉诗形式的理论探求——20世纪现代格律诗学》出版后，得到过他的肯定，令我感愧。现在，他的大著《雅园诗派研究》即将付梓，作为同行，随喜谈一点阅读感言，以表对无私奉献于学术研究的青山先生的无限敬意。

附录

史料研究的历史感、主体意识、问题意识及其他

——简答吴宝林君

《文艺研究》2019年第9期"书评"栏刊登了吴宝林的书评《历史感的缺失与"伪佚文"的辑佚——以刘涛〈现代作家佚文考信录〉为例》,对拙作《现代作家佚文考信录》(人民出版社2012年版)进行批评。古人云,"闻过则喜",笔者闻讯后立即找来其文章拜读,发现该文其实是针对拙著中的胡风佚文考证的一部分而发。

学术为天下之公器。宝林先生本着对学术的一腔赤诚,对笔者胡风史料辑佚方面所存在的问题,提出严正批评与指摘,这是笔者所欢迎的。宝林先生强调史料研究者的"历史感、主体意识和问题意识",强调对史料的真伪鉴别,强调"伪史料"对于文学史研究的巨大危害性,对以上看法,笔者是表示充分认同的。但在一些具体问题上,如当前数字人文时代,史料工作本身是否具有独立意义和价值,史料发现与研究者主体意识、问题意识的关系,胡风四篇佚文的真伪,书评的写法等,笔者与宝林先生存在一些分歧。在当下现当代文学研究界,史料研究已成为热点问题,宝林先生对拙著的关注与批评,就是对此热点问题的一种回应。笔者认为,对宝林先生的批评,站在纯粹学术立场上,做出客观理智的应答与商榷,当更能引起当前学界对史料问题的关注,促进史料工作的健康发展。本着这种想法,笔者对宝林先生对拙著的批评进行答复,并顺带谈谈自己对史料研究工作的一点看法,以就教于宝林先生和现当代文学研究界同行。

一、史料研究的"历史感、主体意识和问题意识"

宝林先生非常强调史料研究者的"主体意识、历史感和问题意识"。他的原话是:"与从前印刷时代相比,今天所谓'数字人文时代'查阅文献史料的条件已较便捷,各地图书馆大多可以网上检索期刊图书目录,有实力的机构还会基于丰富的馆藏自建民国文献数据库,网络平台上也流传着各类电子文献。因此,就现代文学的辑佚而言,关键问题或许不是辑佚本身,也不在于史料的'求全',而是研究者能否具有研究的主体感,是否以解决文学史上重要问题为主导,能否以新理论将辑佚工作纳入整体目标和专题研究中,而不是为佚文而佚文,满足于包罗万象、四处撒网式的辑佚。"①这句话的意思是,在当前的"数字人文时代",由于查阅文献史料的条件已较便捷,就现代文学辑佚而言,辑佚本身已无多大价值,关键问题是运用史料去解决文学史上的重要问题,这就是他所谓的"主体意识和问题意识"。他所谓的"历史感",指的是史料研究者在史料发掘中,应该结合具体历史情境来综合判断史料真伪,而非仅仅依据作者名字(包括笔名)或其他单一线索,对史料作出主观臆断。

对于宝林先生的观点,笔者有认同,也有不同看法。先说史料研究的"历史感"。宝林先生文章题目为《历史感的缺失与"伪佚文"的辑佚》,可见,他认为笔者对胡风"伪佚文"的滥收源于历史感的缺失:"没有阅读和熟知作家、作品的情况下进行辑佚工作,仅依据署名就臆断作者,暴露出历史感的匮缺。"②由于笔者所从事的现代文学史料研究,属于广义的历史研究的一个分支,因此,笔者当然不敢否认历史研究包括史料研究者应具备丰富的历史感,这其实是历史研究者的基本素质而已。关键问题是,他扣给笔者"历史感的缺失"这样一顶大帽子,其依据是笔者没有读懂《新的年头带来了些什么?》和《变》两文的含义,其中,尤其不可饶恕的是,笔者竟然把"鼓吹法西斯主义"的《变》看成是胡风之作:

---

① 吴宝林:《历史感的缺失与"伪佚文"的辑佚——以刘涛〈现代作家佚文考信录〉为例》,《文艺研究》2019年第9期,第148页。

② 同上,第150页。

不过奇怪的是，作者既然读过原文，且分析了文章大意，却依然认为是胡风作品，这就令人费解，起码不能将鼓吹法西斯主义的《变》也看成是胡风之作。因此，我们只能认为刘涛没有通读过胡风的其他作品，只是为寻找佚文而辑佚。由于在没有阅读和熟知作家、作品的情况下进行辑佚工作，仅依据署名就臆断作者，暴露出历史感的匮缺。《现代作家佚文考信录》"后记"说："在史料的考证上下的功夫大一些，批评性的阐释尚嫌不够。"（第381页）笔者以为情况或许相反，正因为"文本阐释的漫不经意与历史感的缺失"，才会出现臆断而收录"伪佚文"，造成史料考证的"学术意义大打折扣"。①

宝林先生依据《变》乃鼓吹法西斯主义之作，断定此文非胡风所作，并给笔者扣上"阐释的漫不经意""历史感的缺失"这样的大帽子，认为笔者辑佚是"赤手空拳跑到漫无边际的故纸堆里见到什么就往口袋里塞"②。在本文第二部分笔者将会详细论证，宝林先生对《变》和《新的年头带来了些什么？》的解读是断章取义的误读，《变》的主旨并非是鼓吹法西斯主义，所以，他所下"文本阐释的漫不经意与历史感的缺失"的论断，就完全落了空，失去了依据。

宝林先生认为历史研究者包括史料研究者应具有主体意识和问题意识，笔者当然是赞同的。笔者同样认为，在当前"数字人文时代"，史料的获取途径增多，获取方式更为便捷，以前必须到大图书馆才能找到的文献，现在鼠标一点就可到手，因此，史料研究者应增强研究的问题意识，增强史料研究的理论深度，尽可能把碎片化的史料整合进文学史的整体格局中，为解决文学史问题而寻求史料、驱使史料。但问题是：强调史料研究的问题意识，凸显史料研究者的主体意识，就一定要排斥"为史料而史料""为佚文而佚文"吗？强调史料为理论服务，就一定要贬低史料的作用和史料研究者的地位？一些纯粹的史料研究者，或以史料发现为志趣，以史料研

---

① 吴宝林：《历史感的缺失与"伪佚文"的辑佚——以刘涛〈现代作家佚文考信录〉为例》，《文艺研究》2019年第9期，第150页。

② 同上，第150页。

究而立身者，在当前数字人文时代，就一定没有存身之地了吗？数字人文时代，就现代文学的辑佚而言，辑佚或史料的"求全"，就一定不是问题了吗？我对此是充满疑问的。文学史研究者应具有主体意识，为问题驱动而运用史料，和史料研究者应具有史料意识，为史料而史料，为佚文而佚文，其实是两个层面、两种性质的问题。就某个史料研究专题或研究者自身的某个研究阶段来说，为史料而史料，为辑佚而辑佚，为佚文而佚文，或许就已经具有了"问题意识"，或者说"主体意识"。就笔者《胡风佚文钩沉》而言，钩沉胡风佚文难道不具有"问题意识"？认识到胡风研究中史料问题的存在，难道没有体现研究者的主体意识？当然，笔者在《胡风佚文钩沉》一文中，没有用发现的史料，去解决该领域的深层理论问题，或更大的文学史问题，这当然是笔者学术水平不够所致。但仅仅由于笔者误收两篇胡风佚文，就断定笔者缺乏研究的主体意识和问题意识，这种对"主体意识"和"问题意识"的理解，其实也是比较片面和狭隘的。这牵涉到不同类型研究者对"主体意识与问题意识"的不同理解问题。

宝林先生强调史料研究的主体意识与问题意识。但这个问题其实还可以进行细分，而不能大而化之。细分起来，史料工作者的主体意识与问题意识，与理论研究者的主体意识与问题意识，其实是不太相同的。史料工作者的所谓"问题意识"，更多体现在"史料"层面，如史料的真伪、版本的鉴别，作家全集、文集、别集、资料及某类专题史料的挖掘、整理与汇编，等等。史料工作者的所谓"主体意识"，同样较多体现在"史料"层面。在史料搜集和研究工作中，对某一类史料的敏锐感知、广搜博采与精深考订，就充分体现了史料研究者的主体意识。在文学史研究中，理论研究者的问题意识则更多体现在"理论"层面，体现在用一种新的理论、观点或视角，对作家文本或文学史问题，进行新的阐释和解读。理论研究者的主体意识，更多体现在其思维的缜密、观点的新颖，体现在其是否具有问题意识，体现在研究者对学科前沿问题的敏锐捕捉与成功解决上，体现在其是否具有思想的穿透力和历史的想象力，是否能勾连、还原被遮蔽、被掩盖、被歪曲的内在历史发展线索。综括起来，在"问题意识"上，史料工作者重"史料"，理论研究者重"观点"；在"主体意识"上，史料工作者重"史料考订"，理论研究者重"理论阐发"。当然，文学史研究中，史料工作与理论研究不可能这么截然二分,但在具体研究实践中,由于才性不同,兴趣各异,有的学者偏于理论研究,有的学者重于史料发掘。即使是同一研究者,在研究的不同阶段,或在不同的研究工作中,或偏于史料,或重于理论,还是可以有一个大致的区分的。由于这种研究路径和个性的偏向,或研究工作的不同分工,史料工作者和理论研究者对于"问题意识"和"主体意识"的理解就不可能是完全一致的,当然也无须强求一致。

由强调史料研究的主体意识与问题意识出发,宝林先生进而强调史料的理论研究的价值优先性,对纯粹的史料工作的价值和意义持怀疑态度,对此,笔者是不太赞同的。洪子诚先生在一次访谈中曾说道:"似乎不存在严格意义上的'独立、纯粹的文学史料整理研究'。至于重要与不重要无法一概而论。什么样的史料搜集、整理有意义,有价值,采用什么样的方法处理合适,这取决于研究者的不同史观、史识,以及艺术上的判断力。和文学史写作一样,这里面的高低是可以明确判分的。"[①]宝林先生据此认为:"一般的文献辑佚整理自然不可缺少,但以核心问题意识为导向的实证研究或许更有学术价值,即辑佚要解决和回应文学史或思想战场上的核心议题,'辨章学术,考镜源流',不应仅仅停留在对史料的整理和介绍上。"[②]宝林先生自己是史料研究者,但他话语中所显露出的对史料整理与介绍工作的轻视,则是值得进一步思考的问题。史料研究的最高境界,当然是史料与理论的完美融合,史料与观点之间能相互生发与带动,既有新史料,又有新观点,由新观点引领发现新史料,或由新史料拓展升华出新问题,就如宝林先生所说,以发现的新史料,去解决和回应文学史或思想战场上的核心议题。这样的学术境界,当然应该是史料研究者所追求的。不过,这样的境界,只有少数一流学者能够达到,其他一些学者,包括笔者,限于才分或条件,是难以达到这种境界的。有的研究者,把主要精力放在史料发掘与整理、介绍上面,做的纯粹是"为人作嫁"的工作,其成果的体现往

[①] 王贺:《当代文学史料的整理、研究及其问题——北京大学洪子诚教授访谈》,《新文学史料》2019年第2期。

[②] 吴宝林:《历史感的缺失与"伪佚文"的辑佚——以刘涛〈现代作家佚文考信录〉为例》,《文艺研究》2019年第9期,第155页。

往是"仅仅停留在对史料的整理和介绍上"。对于这些史料工作者的劳动成果，我们同样应该给予足够的重视和肯定。

宝林先生认为在当下的数字人文时代，辑佚已经非常容易，史料的"求全"已经不是问题了，这种看法，笔者认为是稍显乐观了一些。在当前数字人文时代，人们获取史料的途径增多、获取方式更为便捷，这只不过说明现在研究者的条件比过去更好，但并不意味着研究者的史料意识的同步增强和史料研究水准的同步提高。决定一个时代学术研究在史料层面所达到的水准的，关键不是获取史料的途径，而是研究者的史料意识、理论水平和外部的客观条件。首先是外部客观条件。研究者能见到什么史料，能运用什么史料，不是他自己所能决定，而是被时代所决定的。如20世纪80年代，沈从文、张爱玲等作家作品与生平史料的整理与出版，就与政治环境的变化有关。其次，在同样的外部条件下，不同的理论认识水平和史料意识，也制约着对史料的取舍和运用。从理论上说，史料是客观存在的，但史料在不同的研究主体那里，却会呈现出完全不同的面目，获得完全不同的价值评判，因而，史料不是自然摆放在那里，天然供人采用的，史料是逐渐生成的，是不同的主观意识主体实践的结果。可以这么说，不同的认识水平、理论视野、观察角度，不同的思想意识和价值立场，不同的政治观念，都会制约、召唤史料的形成和使用。从这个意义上说，史料虽然是客观存在的，但史料的生成却完全是主体实践的结果，因此，史料研究工作，和文学史的理论研究工作一样，是一项富于主体性和实践性的工作，同样体现着研究者的主体性和理论认识水平。例如，刘福春先生数十年如一日，孜孜于20世纪诗歌史料的发掘、整理与汇编、编年工作，这项工作所需要的持之以恒的热情与毅力，对诗歌文体的高度重视，对诗歌史料的爱惜与敬畏，都体现了他作为研究者的高度主体性，没有这种主体性，他的史料工作是无法开展的。由于史料是生成的，而非天然存在的，不同的理论认识水平，便召唤着不同的史料成形。例如解志熙先生《美的偏至——中国现代唯美-颓废主义文学思潮研究》[①]，该书对中国现代文学史

---

① 解志熙：《美的偏至——中国现代唯美—颓废主义文学思潮研究》，上海文艺出版社，1997。

中大量"唯美－颓废主义"文学史料的重新发现,既来自他对现代文学史料的烂熟于心,又和他对西方唯美－颓废主义文学和中国现代唯美－颓废主义文学思潮的理论认知有关。试想,若对西方唯美－颓废主义文学无任何了解,对唯美－颓废主义文学思潮在现代中国的影响与变异无任何把握,即使大量唯美－颓废主义文学思潮方面的史料置于眼前,研究者对之也会熟视无睹。再如,进入2010年代以后,现代文学研究中曾出现"民国文学研究热",对于这股热潮,可以有不同的价值评断,但"民国文学"的研究视角,确实打开了人们的视野,开辟了现代文学史料研究的新天地。再如其他学人对国民党"右翼文学"的研究,对1920年代革命文学思潮的重新梳理,对"抗战文学"的研究,对左翼文学系列问题的重新认识,等等,这些研究,都和新的文学观念所带来的对新史料的重新召唤和解读有关。因此可以说,数字人文时代虽然方便了研究者获取史料,但史料问题依然是一个问题,因为,制约史料研究的,既有外部客观环境和条件,也有研究者的理论认知、价值立场和史料意识等诸多因素。数字人文时代,排除一些数据库对原始史料的变形、遮蔽及外部政治因素制约外,可看的史料可能确实已经"可见"和"在场",但史料依然不会自在"生成",依然需要研究者的辛勤寻找和打捞。

宝林先生认为笔者的史料研究缺乏"历史感、问题意识和主体意识",此结论的得出,建立在"胡风四篇佚文为伪"的基础上。因此,有必要对胡风四篇佚文的真伪问题作一点辨析。

二、四篇胡风佚文的真伪

钩沉和考证胡风佚文,只是拙著《现代作家佚文考信录》的一部分,该部分钩沉出疑似胡风的佚文20篇,我辑校出原文、考证其作者为胡风,以供学界参考。宝林先生对其中的4篇佚文提出了质疑,认为它们不是胡风佚文,对其余16篇胡风佚文则似无异议。引起吴宝林先生质疑的那4篇佚文是《新的年头带来了些什么？》、《变》①、《建设民族大众文化》②和《怎样读小说》③。关于《新的年头带来了些什么？》和《变》两文，宝林先生从作者文风轻薄、鼓吹法西斯主义、批判张学良和蔡廷锴及福建事变的政治立场，以及刊物《七日谈周报》编者李焰生与国民党改组派的潜在关系，判定它们不可能是胡风所作，并认为"胡风"很大可能是该刊的另一作者"胡峰"。关于《建设民族大众文化》，宝林先生发现此文的完整稿发表在倾向左翼的《团结》周报上，《大众文化》是删节性的转载，并指出《团结》上以"风"为笔名发表的文章有多篇，"风"当是《团结》的编辑，他在该文中对"新启蒙运动"的回应，与胡风念兹在兹的反封建立场并不一致，因此不可能是胡风所作。关于《怎样读小说》，宝林先生认为发表此文的《青年大众》是"孤岛"刊物，胡风远在重庆、香港等地，不可能给该刊写稿，并发掘出多个用过"高荒"笔名的作者，判定"高荒"实有其人，《怎样读小说》不是胡风的佚文。

不待说，笔者对胡风佚文的考证只是个人的初步意见，不是也不可能是定论，何况笔者也不是专门研究胡风的人，对胡风所知委实有限，并且因为长期僻处封闭的开封，关于胡风佚文的文章写于十年前，那时在开封还看不到网络数据库，只是假期抽空外出查阅旧报刊，发现了一些疑似胡风的佚文，乃顺手略为辑校考证，供学界参考而已，倘得识者驳难论定，则幸甚至哉！如今看到吴宝林的批评指正，笔者是很欣慰也很感谢的。宝林先生是专研胡风的新锐学者，看他文章，多是关于胡风的，果然博学多闻、后出转精。他对拙著里4篇佚文的辩证，显示出良好的学术素养和精细的辨析功夫，尤其是对《建设民族大众文化》和《怎样读小说》两文的辩证，援据丰富，分析精细，匡我不逮，其质疑是令人信服的，我很感谢他的纠正，也希望学界朋友能关注他的订正，以免被我贻误。至于他对《新的年头带来了些什么？》《变》两篇文章的质疑，则不无误读以至武断之处。

---

① 以上两篇分别刊载于1935年上海《七日谈周报》第1卷第5期和第1卷第7期，均署名"胡风"。
② 载上海《大众文化》1938年第1卷第2期，署名"风"。
③ 载上海《青年大众》1939年第1卷第4期，署名"高荒"。

宝林先生论证《新的年头带来了些什么？》与《变》两文为"伪佚文"的关键证据有两条：一条是"从内容着眼"，一条是从刊物性质、编辑和作者等方面进行分析。先看第一条。宝林先生从内容着眼，认为《新的年头带来了些什么？》"立意俗套，文风轻薄，比如开头一句用'和黄脸婆相处久了，得弄个小奶奶'打比方，说明人们喜新厌旧。其次，该文用词华丽矫饰，如'带来玫瑰花的鲜妍，醇酒的香味，和甜美的幸福的慰藉'"①。宝林先生对此文立意、文风、语句的解读是站不住脚的。《新的年头带来了些什么？》立意正大，文章从新、旧年对比出发，认为旧的一年固然很难令人满意，但新的一年带给欢迎它的人们的，仍然不过是风寒贫困中的呻吟和挣扎，"爆竹声只赶走时间的影子，并不曾烧掉它刻骨的病菌"。该文对当时社会现实提出了相当深刻的批评。宝林先生所掇出的所谓"文风轻薄"的语句，其实是作者的一种修辞罢了。这两篇文章是杂文，其"轻薄文风"不过是惯常的杂文手法而已，连鲁迅也难免，何况努力学鲁迅的胡风？通读全文，对此自然会有一比较明敏的判断。

宝林先生对《变》的解读同样有断章取义之嫌。他认为："从内容着眼，《变》则更离奇，作者鼓吹法西斯主义和墨索里尼、希特勒等所谓'国家利益至上者'，将张学良和蔡廷锴称为'善变者'。……起码不能将鼓吹法西斯主义的《变》也看成是胡风之作。"②然而，关键问题是，《变》的主旨本不是鼓吹法西斯主义，宝林先生没有读懂此文。他引用此文如下语句："'法西斯蒂'的'独裁'政治，是顶硬烈的军国政制之一。慕沙里尼及希特拉是倡行这主义的大阿哥。为了国家利益，你看他俩怎样坚烈地反抗别国的侵凌？而'不抵抗主义'也者，却是一种懦怯的奴性表现，张帅爷曾奉此丧权辱国。"据此，宝林先生认为作者"胡风"是歌颂、肯定墨索里尼和希特勒，是鼓吹法西斯主义的。这实在是歪曲了作者原意。宝林先生所引用的语句后，紧接着还有一句是："这两种风牛马不相及的思想，怎会同为一人所有呢？可是事实千真万确的，它们是前前后后如此这般地为张帅

---

① 吴宝林：《历史感的缺失与"伪佚文"的辑佚——以刘涛〈现代作家佚文考信录〉为例》，《文艺研究》2019年第9期，第149页。

② 同上。

爷所主张，这不能不算是大大的人性的转变。"① 结合上下文文意，作者意思很明确，就是讽刺张学良善变，原先奉行不抵抗主义，导致东北大片国土沦陷，而从柏林、罗马考察归来、重掌军权后，又大谈"中国的独裁政治"的伟论。《变》的文眼为"变"，作者讽刺张学良之善变，奉行"独裁政治"的他，原来却是一个不抵抗主义者。作者对"独裁政治"明显持讽刺态度，而非肯定，更不是鼓吹法西斯主义。宝林先生依据其引用的一句话就断定作者是鼓吹法西斯主义，未免有点轻率。其次，吴宝林断定左翼人士不会否定张学良尤其是蔡廷锴发动的福建事变，这也高估了左翼的政治正确性。其实，当年中国共产党高层内部，对蔡廷锴等人发动的福建事变，态度上存在很大分歧。左翼文人中，有一部分人，对之基本上持否定态度，胡风有此论也不为过。

除内容分析外，吴宝林还从刊物性质、编辑和作者等方面进行分析，从而否定《新的年头带来了些什么？》与《变》为胡风所作。宝林先生指出拙著所说的《新墨月刊》为《新垒》月刊之误，确属笔者失察和失误。但是，他由刊物性质、编辑、作者群入手进行分析，认为胡风绝对不会与《七日谈周报》发生关系，则在论证上存在明显瑕疵。他认为，胡风1935年初已经立足上海左翼文坛，有了些名声，与《七日谈周报》的编辑之一李焰生的文人圈不会有什么交集，因此，其文章断不会出现在《七日谈周报》上。这样的推理也仅仅是一种推理，没有直接证据支持。他认为胡风一定不会给《七日谈周报》投稿，这个结论的得出也缺乏有效证据。宝林先生的这个结论建立在对《新垒》这个刊物性质的分析上。《新垒》上曾刊载大量攻击鲁迅、左联和普罗文学的文章，因而，应国靖先生《神秘杂志〈新垒〉》一文曾说过："三十年代的左翼作家根本不向它投稿。"② 宝林先生认为应国靖"此文说的是《新垒》，但作为'李焰生系'的刊物之一，彼时左翼作家也不会给《七日谈周报》投稿的"③ 这种论证失之牵强，仅仅是一

---

① 胡风：《变》，见刘涛《现代作家佚文考信录》，人民出版社，2012，第251页。
② 应国靖：《神秘杂志〈新垒〉》，见《现代文学期刊漫话》，花城出版社，1986，第174页。
③ 吴宝林：《历史感的缺失与"伪佚文"的辑佚——以刘涛〈现代作家佚文考信录〉为例》，《文艺研究》2019年第9期，第155页。

种猜测和推断，且有逻辑错误。从时间上讲，《七日谈周报》最终并入《新垒》，这说明《七日谈周报》在前，《新垒》月刊在后，由"左翼作家不给《新垒》投稿"的前提，不能必然推导出"左翼作家不给《七日谈周报》投稿"这样一个结论，两者之间不存在任何因果关系。笔者认为，由刊物性质、编辑、作者群方面入手进行分析，来判定作者真实身份，这种分析既有一定合理性，又有明显局限性。其合理性体现在，有些刊物，特别是同人性质的，或者政治倾向非常鲜明的刊物，其作者群有一定稳定性，依据刊物性质、编辑和作者群，对该刊的某一作者的身份，可以有一大致合理的推定。其局限性是，刊物性质、编辑和作者群，在判定作者身份时，只是属于外围证据，或间接证据，而非直接证据，或完全有效证据。因此，宝林先生从刊物性质、编辑和作者等方面进行分析，判定作为左翼作家的胡风，一定不会给《七日谈周报》投稿，这种分析由于缺乏直接证据支持，也就缺乏充分的说服力。

吴宝林认为胡风第一次使用"胡风"这个笔名是1934年12月11日，这个论断是错误的。胡风《林语堂论》文后所署写作日期为"1934年12月11日"，该文发表于《文学》月刊4卷1号（1935年1月1日），署名"胡风"。然而，这并不是胡风首次署名"胡风"发表的文章。胡风首次署名"胡风"所发表的文章应为杂文《过去的幽灵》，刊于《申报·自由谈》1934年4月16日、17日。

由于宝林先生对《新的年头带来了些什么？》与《变》的内容存在一定误读，从刊物性质、编辑和作者等方面所作的分析，又缺乏有效的直接证据，所以，他认为两篇佚文一定是胡风"伪佚文"的结论，是值得进一步商榷的。

三、书评的写作问题

笔者对于宝林先生此文的另一点困惑，是其书评的写法。现有学术评价体系中，书评所处位置不高，是不正常的，也是不应该的。书评是学术批评、学术交往的主要方式。高质量书评，能构建有效的学术交流平台，营造良好学术氛围，引领正确学术发展方向。现在书评不被看好、评价较低的主要原因,是大部分书评,流于一味的肯定与赞扬,真正能从学术角度出发,进行高屋建瓴、客观评价的书评,确实太少了。从这个角度讲,宝林先生,能对拙著细心研讨并提出严正批评,实属难能可贵,对此笔者是感谢的。宝林先生曾提到拙著出版后,在学界引起的一点反响。文章称:"《考信录》出版后得到学界的关注与肯定,被誉为'在史料考释与研究方面''有重大突破'","有多篇专业书评和新书介绍总结了该书的学术贡献,中国社会科学院文学研究所出版的《中国文学年鉴》(2013)和中国现代文学馆主编的《中国当代文学年鉴》(2012)都介绍了该书",因而,"从学术史的角度来说,《考信录》已产生了较大的影响,因此更有严肃考察和细致辨析的必要"。[①] 这说明宝林先生是纯粹出于学术研究角度,来选择拙著作为批评对象,展开对拙著批评的。笔者作为"边缘学者",所作史料工作又非精深的理论研究,能得到宝林先生的青睐与关注,当然感到荣幸且诚惶诚恐。不过,宝林先生的书评,在文章正副题的拟定和一些提法上,存在一些欠妥之处,这里特指出来,以供宝林先生参考。

首先,宝林先生此文内容与题目明显不符。既然是"书评",那么,评的当然是书了。宝林先生文章题目为《历史感的缺失与"伪佚文"的辑佚——以刘涛〈现代作家佚文考信录〉为例》。该文副题显示,他评论的对象确实是《现代作家佚文考信录》。《文艺研究》把该文置于"书评"栏,充分说明也是认同该文的"书评"身份。但笔者仔细阅读该文后,发现它根本不是"书评",而是彻头彻尾的"文评",所评之文,作者交代得清清楚楚:"本文考察《考信录》一书收录《胡风佚文钩沉》和《胡风佚文辑校》,前者是总体介绍,后者则是对佚文的整理和注释。"[②] 原来他对《现代作家佚文考信录》的严肃考察和细致辨析,只是着眼于该书的一个很小部分,明显不是他文章副题所谓的"以刘涛《现代作家佚文考信录》为例"。笔者对此颇感意外。可能宝林先生已预知笔者会感到意外,或者为防备其他读者出现与笔者类似困惑,便很机智地在"本文"两字后加了一条小小

[①] 吴宝林:《历史感的缺失与"伪佚文"的辑佚——以刘涛〈现代作家佚文考信录〉为例》,《文艺研究》2019年第9期,第148页。

[②] 同上,第148页。

的注释:"需要说明的是,本文并不讨论该书涉及的其他作家,也不否认其在此方面的学术贡献。"①可是问题是:这样一条很不起眼的注释,能否引起读者注意,能否解决文章副题"以刘涛《现代作家佚文考信录》为例"所产生的问题。他的文章题目与文章内容之间,明显不符且充满矛盾。这是笔者对其书评写法感到困惑的第一点。

笔者对宝林先生书评写法感到困惑的第二点,是他依据笔者误收的4篇胡风"伪佚文"所得出的结论:"历史感缺失","学术判断的错讹","为佚文而佚文","缺乏问题意识","研究者缺乏主体意识",等等。笔者《胡风佚文钩沉》一文发掘出胡风佚文20篇,宝林先生发现其中4篇可能为"伪佚文",为了证明这4篇佚文之"伪",他给出了许多证据。他的证明显示出他对胡风史料的熟悉。这些佚文是否为"伪",可以作为一个问题继续进行讨论。但是,即使后退一步,笔者完全承认宝林先生所说部分正确,其中两篇佚文确属误收,是"伪佚文",但有一个问题是,两篇之外的其他胡风佚文不伪吧。依据胡风两篇误收的"伪佚文",宝林先生就给笔者扣了这么多帽子,特别是奉赠给笔者一顶"键盘侠"的"美誉",实在不敢当。

宝林先生认为笔者四篇胡风佚文之误收,乃源于"数字人文时代"查阅资料便捷所致。这种看法,是笔者对宝林先生书评文章感到困惑之第三点。宝林先生文中大谈"今天"乃"数字人文时代",查阅文献史料的条件已较便捷,各地图书馆大多可以网上检索期刊图书目录,有实力的机构还会基于丰富的馆藏自建民国文献数据库,网络平台上也流传着各类电子文献,因此,就现代文学的辑佚而言,关键问题或许不是辑佚本身,也不在于史料的求全。对于宝林先生对辑佚工作所发表的见解,我表示部分认同。但他认为《考信录》误收4篇"伪佚文",是"数字人文时代"目击"历史现场"过于便捷所致。此句后,又紧接一句挖苦与讽刺:"辑佚不等于'键盘侠'式的工作,需要极为细致和严谨的学术考辨。正如有学者所言,'佚文辑录,要宁缺毋滥',否则根据伪文献弄出一堆错误的结论,辑佚的学术功用就走向了反面。"对吴先生"键盘侠"的讽刺,笔者感到难以接受。他文中认为今天是"数字人文时代",查阅资料已非常便捷。但他似

---

① 同上,第155页。

乎忘了《胡风佚文钩沉》一文发表于2010年，笔者对胡风佚文所作钩沉的时间为2008年、2009年之间。这个时期，还不是他所谓的"数字人文时代"，至少笔者工作单位河南大学的图书馆还没有进入所谓"数字人文时代"，无民国期刊图书目录以供检索，也没有丰富的馆藏自建民国文献数据库以供利用。

宝林先生的书评属于史料研究批评。学术交往中，批评质疑是学术交流的常规，谁也不能拒绝批评。同时，批评者也应有分寸，就事论事、就错论错、以理服人，不能抓住别人一个问题就无限上纲，乱扣帽子。即如关于文本的钩沉考订，谁也不敢说十拿九稳、毫发无错，在史料考订和文献发掘中，限于文献或学力，有所失误在所难免，没人敢保证在文献考订上就绝对正确、可以拒绝批评，清代及近代的学术大家如王鸣盛和钱大昕的史学考证、胡适和鲁迅的小说考证以及陈寅恪的文史考证，也都有过这样那样的疏失，何况我这样一个边缘学者；同样的，后来者在文献考证上发现了此前学者的错误而给予纠正批评，当然是理所应当、有功学术的事情，但若因此就以为此前的学者根本不该有误，那就苛求过甚了。笔者对胡风佚文的辑校考订是十年前的工作，限于当时当地的学术条件和个人学力学养，辑考有对了的，但也难免有所疏失，吴宝林检出其中四篇给予批评，他批评得有根有据的两篇，我很乐于接受，即使批评得不甚中肯的两篇，也对笔者有一定启发，警醒我此后在做这类工作时更细心谨慎，所以笔者仍然感谢他。正是本着此种想法，笔者就胡风佚文真伪、书评的写法特别是史料研究的历史感、问题意识与主体意识，与宝林先生展开商榷，以期引起研究界同行对现代文学史料问题的关注。

答《中国社会科学报》记者张清俐问

一、现代文学史的学科开设由来已久，但近年来，一批学者提出要对以往的现代文学史书写以及现代文学研究有所开拓创新，进一步发掘现代文学史料被提上重要日程。请您谈一谈，在这一背景下，加强现代文学史料的发掘、整理、研究的必要性和学术价值表现在哪些方面？

现代文学史作为一门学科，不能不以史料为基础。作为学科的现代文学史，既伴随一次次理论创新和更新，又经历着一次次史料的发掘、整理与阐释。樊骏先生1995年曾发表一篇文章，题目是《我们的学科：已经不再年轻，正在走向成熟》。成熟的标志是什么？其中很重要的就是史料意识，对历史客观性的尊重，对史料的敬畏。紧接着樊骏先生、解志熙先生1996年发表《"古典化"与"平常心"》一文，提倡现代文学研究的"古典化"。所谓"古典化"，指现代文学研究应该追求"历史感"和"学术性"，而这两者同样要建立在史料的基础上。随着现代文学学科的成熟，现代文学的史料意识逐渐增强，现代文学研究的"古典化"倾向越来越突出。我想在这样一个背景下，来谈谈现代文学史料研究的必要性及其价值所在。

史料意识、史料研究，是现代文学史作为历史学科的奠基石。现代文学史作为一门学科，包含两个关键要件，一为文学，一为历史，很显然，现代文学史同样是一门历史学科。作为一门历史学科，现代文学史必须重史料，以史料为基础。离开史料研究，现代文学史作为历史学科的属性将无法得到有效保证。这是现代文学史学科必须进行史料研究的必要性。

史料对于现代文学学科的价值是多方面的。现代文学史的丰富性离不开史料的不断发现与呈现，史料发现是现代文学史保持丰富性、鲜活性的源头活水。史料研究同样也是现代文学史学科走出困境与危机的重要途径。伴随现代文学史学科成熟而来的是危机和困境，可开拓的空间越来越小，而要解决这个问题，单纯靠理论创新远远不够，还必须通过史料研究，通过史料发掘与整理，来开拓现代文学研究的空间。

二、以您观察来看，现代文学史料主要有哪些来源？以往进入现代文学史和现代文学研究考察范畴的史料，存在哪些局限？近年来，在国家社科基金、国家出版基金等项目支持下，在现代文学史料收集、整理、研究方面出现了哪些对于以往现代文学史和现代文学研究具有查漏补缺乃至重大填补空白意义的成果？您本人主持或参与了哪些相关课题？

现代文学史料的主要来源为现代文学期刊和报纸。现代时期，文学传播的主要媒介为文学期刊与报纸，而该时期又是报刊发展最为活跃的阶段，因此，现代时期的报刊数量非常多，这些海量的报纸、期刊保留了那一时期文学发展的原始形态。现代文学史料发掘的最重要来源还是这些期刊、报纸。

以往对现代文学报刊的考察还是有局限的。首先是对报纸重视不够，现在我们还缺乏比较完备的民国报纸文学副刊的目录，当然这里面有客观原因，报纸副刊的目录数量过于庞大。但不够重视应该也是一重要因素。其次是现代文学期刊目录也不够完备。现在我们有了唐沅、韩之友等先生编的《中国现代文学期刊目录汇编》（两卷），有了吴俊、李今、刘晓丽、王彬彬等先生编的《中国现代文学期刊目录新编》（三卷），有了刘增人、刘泉、王今晖先生编著的《1872—1949文学期刊信息总汇》（四卷），但这还不够。我们还缺乏更完备的现代文学期刊目录。再次，我们当前对报刊的研究还是多聚焦于一些重要的报纸期刊，对一些不重要的"边缘报刊"重视和关注不够。

近年来，在国家社科基金、国家出版基金等项目支持下，现代文学史料建设有了较大发展，特别是国家重大招标课题也向现代文学史料研究方面倾斜。在国家社科基金和国家出版基金的支持下，近年来在现代文学期刊数据化、延安文艺期刊史料整理、现代文学期刊图像与文学史关系、期刊史料与20世纪文学史、现代文学版本研究、抗战文学史料整理、现代作家佚文发掘与整理等方面，都出现了一些很重要的成果。

我个人主持了2015年度国家社科基金一般项目"民国报纸副刊与现代作家佚文发掘整理研究"，本项目对现代作家佚文的发掘、整理与阐释，建立在民国报纸及报纸副刊基础上，将有力推进现代文学的史料学建设，推进现代文学文学辑佚由"期刊辑佚"转向"报纸辑佚"。现在，现代文学文献整理包括作家作品辑佚在来源上正处于由"民国期刊"向"民国报纸"的转向中。本项目的进行将有力推动现代文学文献辑佚由"期刊辑佚"转向"报纸辑佚"，吸引更多学者来关注与研究民国报纸及副刊。同时，本项目的进行将有力推进对民国地方性报纸的研究。现有的报刊研究过多集中于有全国影响的大报，对地方性报刊上的现代文学史料关注与发掘还很不够。本项目在关注大报名报外，同样关注地方性报纸的无可替代的史料价值。

三、您如何看当前的现代文学（史）研究领域出现的这股重视史料，着力发掘史料的转向？目前在现代文学史料问题的相关研究上，存在哪些偏颇或者不足（比如有学者提出批评，重整理轻研究，淹没于大量文学史料之中，却未能服务于现代文学学科建设这一主旨，也未能体现其研究性和思想性）？您对学界未来的现代文学史料研究工作有什么建议，比如在方法论意义上需要注意什么？

现在学界对史料的重视，既有加强现代文学史历史学科属性的考量，又源于现代文学研究空间日益逼仄化的现实处境。现代文学研究是一个很拥挤的学科，很多学人从事于此，现代文学研究面临着选题越来越少、学术空间越来越小的困境，在这样的困境下，史料研究既能一定程度上拓展研究空间，又能为研究者找到研究的出路。

当前史料研究所面临的问题和挑战还是不少的。主要是史料研究有陷入琐碎化、去问题化、为史料而史料的风险。史料发现的空间也在日益缩小。通过史料发现来解决问题的可能性正逐渐减少。史料工作者必须意识到这些问题，必须加强自身研究的思想性，具有较强的问题意识，把史料作为自己工作的开端而不是结束，增强自己研究工作的理论性与原创性。

在文学史料研究中成长的中国现代文学学科与人才队伍

张清俐

史料构成人文学科的基础，在日渐成熟的现代文学学科体系中，文学史料工作薪火相传，不少青年学人扎根文学史料研究，成为现代文学学科建设的主力军。这一现象的学术价值正在凸显，甚至被学界认为是中国现代文学学科建设一轮新的发动。

史料是中国现代文学学科的"源头活水"

作为学科的中国现代文学已经不年轻了，曾见证这一学科成长的已故中国现代文学研究大家樊骏先生生前就非常重视中国现代文学的史料工作。河南大学文学院教授刘涛，这位"70后"学人依然记得樊先生于1995年发表的题为《我们的学科：已经不再年轻，正在走向成熟》的文章，正如樊先生所说，中国现代文学学科成熟的重要标志就是史料意识，对历史客观性的尊重，对史料的敬畏。

20世纪末中国现当代文学研究界对方法与理论一味偏爱，在此背景下，樊先生这一论断发人深省。"新世纪以来，随着现代文学研究和现代文学史写作的进一步拓展，越来越多的学者发现，史料问题成为制约现代文学学科发展的瓶颈，于是加强现代文学史料研究被提上重要议程。"广州大学人文学院教授付祥喜表示，有没有确立史料意识以及实践的程度如何，不仅直接关系到研究的客观公允与否，而且是中国现代文学学术创新的基础，也是源泉。

现代文学领域曾长期盛行的"以论代史""以论带史"的研究理路,使重理论阐释而轻史料的倾向得以改变。在山东师范大学教授朱德发看来,尽管新时期以来中国现代文学研究及其文学史书写取得了骄人的成绩,然而当下如何深化并拓展学科建设与学术发展面临新的困境,理论思维或文学观念的突破诚然重要,而文学史料的突破解困则更应是先导与基础工作。

伴随中国现代文学学科成熟而来的危机和困境引发学界深思。刘涛提出,史料发现是现代文学保持丰富性、鲜活性的源头活水。同时,史料研究同样也是现代文学学科走出研究空间日益逼仄化困境与危机的重要途径,通过史料发掘与研究,来开拓现代文学研究的空间。

现代文学史料研究成果迭出

樊先生将中国现代文学史料工作看作是一项系统工程。新世纪以来,现代文学史料工作正在逐渐形成全面覆盖的系统工程。较之于古代文学史料,现代文学史料的来源更加丰富多样。据付祥喜统计,按照史料属性不同,可以分作文献和实物两大来源。文献史料以文字形态存在,主要有文学报刊、文学书籍、文学档案和作家手稿、书信、日记、传记等,实物史料指的是不以文字形态存在的音像、作家遗物、作家遗迹等。

诸如《新文学史料》《中国现代文学研究丛刊》《现代中文学刊》等刊物一直坚持对手稿、日记、书信、传记、回忆录的整理与搜集。现代文学期刊和报纸是现代文学史料的主要来源,吴俊、李今、刘晓丽、王彬彬主编的《中国现代文学期刊目录新编》(3卷)和刘增人、刘泉、王今晖先生编著的《1872—1949文学期刊信息总汇》(4卷),两套大部头文学史料汇编先后出版。

以往现代文学史和现代文学研究范畴的史料,主要是文献,而对实物的利用和重视很不够。据付祥喜观察,近年来学术界开始针对这种局限进行查漏补缺,其中一个引人瞩目的新现象就是,近年来国家社科基金和国家出版基金等项目对不同形式的文学史料的发掘、整理、研究增加资助力度。如先后列入国家社科基金重大项目的有河南大学的"期刊史料与20世纪中国文学史"、重庆师范大学的"抗战大后方文学史料数据库建设研究"、上海师范大学的"中国现代文学图像文献整理与研究"等。

文学史料工作大大拓展了文学史与现代文学研究空间。尤为青岛大学教授刘增人所称道的成就是文学史书写与史料的发掘整理出现了互补双赢的代表性著作,如丁帆对现代文学研究成果的数据分析,刘福春的《中国新诗编年史》,钱理群、吴福辉、陈子善主编的三卷本《中国现代文学编年史:以文学广告为中心》,都是首开风气之作。此外,群体研究的成果越来越引人注目。如通俗文学期刊研究、伪满洲国文学期刊研究、天津文学期刊研究、七月派文学期刊研究、沦陷区文学期刊研究等,理念的科学性与史料的系统性相得益彰。

在文学史料研究中成长的学科与人才

在文学史料工作队伍中,既有刘增人先生这样年过七旬仍伏案不辍的老一辈学人,也有如刘涛、付祥喜等一批中青年学者薪火相传。对于付祥喜来说,加强现代文学史料研究,有意识地培育"坐冷板凳"精神,对于纠正目前浮躁、急功近利的学风也大有裨益。

现代文学研究领域,不少如刘涛、付祥喜等一样的年轻学者正是在扎根文学史料研究中成长起来的。刘涛先是在国家社科基金重大项目"期刊史料与20世纪中国文学史"中承担子课题,此后,独立主持2015年度国家社科基金一般项目"民国报纸副刊与现代作家佚文发掘整理研究",对现代作家佚文进行发掘、整理与阐释,推进现代文学辑佚由"期刊辑佚"转向"报纸辑佚"。"80后"的付祥喜自2010年以来,先后主持有关现代文学史料研究的3项国家社科基金项目、1项教育部人文社科研究项目,在《中国社会科学》《文艺研究》等刊物上以鲜明的问题意识对中国当代文学史料及其研究存在的问题展开学理阐析,针对现代文学史料学理论贫乏问题,提出初步的理论框架。

受访学者也指出,当前史料研究所面临的问题和挑战还是不少。如有学者提出批评,当前文学史料工作有重新史料轻传统史料,重整理轻研究的倾向,不少研究淹没于大量文学史料之中,却未能体现其研究性和思想性。刘涛表示，史料研究应避免陷入琐碎化、去问题化、为史料而史料的窠臼。因为史料发现的空间在日益缩小，依赖于新史料发现来解决重大问题的可能性正逐渐丧失。史料工作者必须意识到这些问题，必须加强自身研究的思想性，把史料作为工作的开端而不是结束，以问题意识带入增强自己研究的理论性与原创性。

刘增人提出，从服务中国现代文学学科建设来看，当务之急是群策群力推进文学史料学学科的建立，使之摆脱其他学科的附庸地位，逐步建设自己的理论体系、话语模式、评价标准，成为与古代文学、现代文学、当代文学等并肩携手的独立学科。

在付祥喜看来，文学史料工作面临的问题归根结蒂都是现代文学史料工作中的理论研究滞后所致，以致"建立中国现代文学史料学仍然任重道远"。因此，加强现代文学史料学的理论研究，需要从基础理论上而不是限于方法论上建构学科框架。从西方文献学、中国古代文学史料学那里吸纳长期以来形成的、行之有效的学术规范和治学之道，可以成为拓宽和提升现代文学史料研究整体水平层次的一个重要途径，但不拘泥于以此为标准。同时，在现代文学史料研究中也要注意吸纳史学、文献学、目录学、版本学等学科的前沿理论和新的研究方法，比如现代文学史料的数据挖掘，有可能引发现代文学（史）研究的一场"革命"。